"四川省产业脱贫攻坚·农产品加工实用技术"丛书

主食加工实用技术

主　编　陶瑞霄

副主编　邓　林

四川科学技术出版社

图书在版编目（CIP）数据

　　主食加工实用技术 / 陶瑞霄主编 . -- 成都：四川
科学技术出版社 , 2018.5

　　（"四川省产业脱贫攻坚·农产品加工实用技术"丛书)

　　ISBN 978-7-5364-9030-7

　　Ⅰ . ①主… Ⅱ . ①陶… Ⅲ . ①主食－烹饪 Ⅳ .
① TS972.13

　　中国版本图书馆 CIP 数据核字 (2018) 第 079754 号

主 食 加 工 实 用 技 术
ZHUSHI JIAGONG SHIYONG JISHU

主　　编　　陶瑞霄

出 品 人　　钱丹凝

责任编辑　　周美池　　何晓霞

责任出版　　欧晓春

封面设计　　张永鹤

出版发行　　四川科学技术出版社

　　　　　　成都市槐树街 2 号　邮政编码 610031

　　　　　　官方微博：http://e.weibo.com/sckjcbs

　　　　　　官方微信公众号：sckjcbs

　　　　　　传真：028-87734039

成品尺寸　　170mm×240mm

　　　　　　印张 8　字数 160 千

印　　刷　　四川工商职业技术学院印刷厂

版　　次　　2018 年 5 月第一版

印　　次　　2018 年 5 月第一次印刷

定　　价　　28.00 元

ISBN 978-7-5364-9030-7

"四川省产业脱贫攻坚·农产品加工实用技术"丛书
编写委员会

组织编委	陈新有	冯锦花	廖卫民	张海笑	陈 岚
	何开华	陈 功	管永林	李春明	张 伟
	刘 念	岳文喜	黄天贵	巨 磊	
编委成员	康建平	朱克永	游敬刚	陈宏毅	任元元
	王 波	邹 育	张星灿	邓 林	何 斌
	李洁芝	黄 静	谢文渊	李 峰	朱利平
	王 进	李益恩	余乾伟	李 恒	卢付青
	张其圣	余文华	柏红梅	潘红梅	史 辉
	周泽林	张崇军	余彩霞	孙中理	张 磊
	王超凯	谢邦祥	张凤英	唐贤华	周 文
	张 彩	王静霞	陶瑞霄	方 燕	余 勇
	高 凯	李国红	付永山	胡继红	李俊儒
	吴 霞	张 翼	郭 杰	陈相杰	张 颖
主 审	朱克永	康建平	陈宏毅	游敬刚	余文华

组织编写 四川省经济和信息化委员会

编写单位 四川省食品发酵工业研究设计院

四川工商职业技术学院

前　言

　　党的十八大以来，我国把扶贫开发摆到治国理政的重要位置，提升到事关全面建成小康社会、实现第一个百年奋斗目标的新高度。四川省委、省政府坚定贯彻习近平总书记新时期扶贫开发重要战略思想，认真落实中央各项决策部署，坚持把脱贫攻坚作为全省头等大事来抓，念兹在兹、唯此为大，坚决有力推进精准扶贫、精准脱贫。四川省经济和信息化委员会按照"五位一体"总体布局和"四个全面"战略布局，结合行业特点，创新提出了智力扶贫与产业扶贫相结合的扶贫方式。

　　为推进农业农村改革取得新进展，继续坚持农业农村改革主攻方向不动摇，突出农业供给侧结构性改革，扎实抓好"建基地、创品牌、搞加工"等重点任务的落实，进一步优化农业产业体系、生产体系、经营体系，带动广大农民特别是贫困群众增收致富，更需"扶贫必先扶智"。贫困的首要原因在于地区产业发展长期低下，有限的资源不能转化为生产力。究其根本，生产力低下源自劳动力素质较差，文化程度低，没有掌握相关的生产技术，以致产品的附加值低，难以实现较高的市场价值。所以，国务院《"十三五"脱贫攻坚规划》指出，要立足贫困地区资源禀赋，每个贫困县建成一批脱贫带动能力强的特色产业，每个贫困乡、村形成特色拳头产品。

　　2017年中共四川省委1号文件提出，四川省将优化产业结构、全面拓展农业供给功能、发展农产品产地加工业作为重要举措，大力开发农产品加工技术的保障作用尤为重要。基于农产品加工产业是实现产业脱贫的重要手段之一，为了服务于四川省组织的全面实施农产品产地初加工惠民工程，即重点围绕特色优势农产品，开展原产地清洗、挑选、榨汁、烘干、保鲜、包装、贴牌、贮藏等商品化处理和加工，推动农产品及加工副产物综合利用，让农民分享增值收益。

　　在四川省委、省人民政府的指导下，四川省经济和信息化委员会组织四川省食品发酵工业研究设计院、四川工商职业技术学院的专家、学者，根据农业生产加工的贮藏、烘干、保鲜、分级、包装等环节需要的产地初加工方法、设施和工艺，针对农产品产后损失较严重的现实需要，编撰了"四川省产业脱贫攻坚·农产品加工实用技术"丛书。该丛书力图传播农产品加工实用技术，优化设施配套，降低粮食、果品、蔬菜的产后损失率，推进农产品初加工和精深加工协调发展，提高加工转化率和附加值，为加快培育农产品精深加工领军企业奠定智力基础。

　　该丛书主要面向四川省四大贫困片区88个贫困县的初高中毕业生、职业学校毕业生、回乡创业者及农产品加工从业者等，亦可作为脱贫培训教材。丛书立足于促进创办更多适合四川省农情、适度规模的农产品加工龙头企业及合作社、企业和其他法人创办的产地加工小工厂，立足于农业增效、农民增收，立足于促进农民就地就近转移和农村小城镇建设找出路，大幅度提高农产品附加值，努力做到区别不同情况，做到对症下药。针对四川省主要贫困地区的特色优势农产品资源，结合现代食品加工的实用技术，通过该丛书提升贫困地区从业者的劳动技能、技术水平和自身素质，改变他们的劳动形态和方式，促进贫困地区把丰富的自然资源进行产业化开发，发展特色产品、特色品牌，创特色产业，从潜在优势变成商品优势，进而变成经济优势，深入推进农村一、二、三产业融合发展，尽快帮助贫困地区群众解决温饱问题达到小康，为打赢脱贫攻坚战、实施"三大发展战略"助力。

四川省经济和信息化委员会

2017年6月

目　录

第一章　概　述

　　主食是指传统餐桌上的主要食物，是人们主要能量的来源。由于主食是碳水化合物，特别是淀粉的主要摄入源，因此以淀粉为主要成分的稻米、小麦、玉米等谷物以及马铃薯、甘薯等块茎类食物被不同地域的人当作主食。对于我们中国人来说，主食主要以谷类作物为主，有些地方的人们也把薯类作为主食。

　　我们每一餐都离不开米饭、馒头、大饼、面条或者其他谷类和薯类制品。在农村，这些谷类食物占到居民一日三餐提供能量的80%以上，而城市居民的这个数据也超过50%。

　　主食与我们身体健康息息相关。主食中富含人体能量所需的碳水化合物，与蛋白质和脂肪不同，身体中的碳水化合物贮备非常有限，所以如果膳食中长期缺乏主食还会导致严重的后果。

　　首先，缺乏碳水化合物会使肌肉疲乏无力。不少时尚女性将米饭、面条等富含碳水化合物的主食视为身材"大敌"，但这样的做法是非常不妥的。运动与膳食营养补给中，除了适量的蛋白质、脂肪和水之外，最重要就是碳水化合物的补充。世界卫生组织推荐的适宜膳食能量构成的是：来自碳水化合物的能量为55%~65%；来自脂肪的能量为20%~30%；来自蛋白质的能量为11%~15%。机体运动时主要依靠碳水化合物来参与供能、维持运动强度，并为肌肉和大脑提供能量。

　　其次，长期缺乏主食可能造成失忆。美国一项最新医学研究指出，女性如果不摄取碳水化合物食品，还可能造成失忆。美国塔弗兹大学的调查发现，不食用意大利面、面包、比萨饼、马铃薯等高能量食品达一周的女性，出现记忆与认知能力受损。负责这项研究的心理系教授泰勒指出，这是因为脑细胞需要葡萄糖作为能量，但脑细胞无法贮存葡萄糖，需要通过血液持续供应。碳水化合物食品摄取不足，可能造成脑细胞所需要的葡萄糖供应减少，从而对学习、记忆及思考力造成伤害。

　　由此可见，主食在我们日常生活中起着非常重要的作用。

我们日常生活中的主食主要有：馒头、米饭、面条、包子、饺子、饼、油条、粽子、蛋糕、面包、散饭、搅团、窝头、锅贴、肉饼、肉夹馍、煎饼、蒸饺、炒面、蒸饭、甑糕、年糕、八宝饭、麦仁饭、烧卖、发糕、酥油饼、油饼、米粥、豆粥、馓子、花卷等。

第二章 主食原料栽培技术

第一节 小麦

为引导农民科学种田，实现小麦高产、优质、丰产丰收，根据作物生产规律，结合农时，理论联系实际，总结工作技术经验，现就小麦优质高产配套栽培技术总结如下。

一、选择良种

选用品质优良、单株生产力高、抗逆性强、经济系数高、不早衰的良种，有利于实现千斤以上的产量目标。

二、精细整地，平衡施肥

（一）精细整地

为改善土壤结构，增强土壤蓄水保墒能力，播前进行精耕细整，翻耕23～25cm，进行秸秆还田，不但增强土壤肥力，而且可以打破犁底层，达到深、细、透、平、实、足（水）的标准，即耕作层要深（旱地20～25cm，稻茬地15～20cm），耕后耙细（碎）、耙透、整平、踏实，达到上松下实、蓄水保墒。

（二）做畦开沟

垒筑田埂，建立麦田灌、排水相配套的设施，挖好"三沟"（墒沟、腰沟、地头沟），开春后及时疏通"三沟"，使沟渠相通，以满足灌、排水的要求。

（三）平衡施肥

根据土壤综合肥力状况制定施肥方案，以有机肥为主，有机肥、无机肥结合施用，改善土壤中的有机质含量，从而达到均衡施肥的目的。在耕地的同时要施足基肥，施有机肥30～45t/ha、纯氮225kg/ha、五氧化二磷90～112.5kg/ha、氧化钾75～112.5kg/ha，为减少冬雪春雨造成的化肥流失损耗，避免小麦中后期脱肥早衰，将50%左右的氮素化肥后移到拔节至孕穗期间分2次追施，从而使小麦籽粒中赖氨酸、蛋白质含量提高。

三、适期适量播种

（一）种子处理

播种前要进行药剂拌种或直接选用包衣种子。

（二）适期播种

为培育壮苗，形成根系发达、茎蘖数较多的小麦生产群体，充分利用热量资源，要适期播种，从而为小麦高产奠定基础。一般小麦在田间持水量为70%～80%时最有利于出苗。因此当播期、土壤墒情发生冲突时，一定要做到适墒播种，可晚播3～5天，从而使小麦全苗。一般在日均温≥0℃，积温分别为16～17，650℃时播种最佳，在越冬期能够形成6叶1心壮苗。

（三）播种量

根据小麦品种特性、播种期确定小麦的播种量，一般半冬性、弱冬性品种分别在10月上中旬、9月底播种，播种量90～105kg/hm²；弱春性、春性品种分别在10月中下旬、10月下旬至11月上旬进行播种比较适宜，播种量120～150kg/hm²，随着播期推迟适当增加播量。7 500kg/hm²以上的高产田块，基本苗可控制在180万～225万株/hm²，9月底10月初播种可降到150万～180万株/hm²。对于分蘖成穗低的大穗型品种，适宜基本苗195万～270万株/hm²。

（四）科学田间管理

1.科学施肥与除草

为防止发生缺苗断垄现象，保证小麦安全越冬，要及时进行灌水，使小麦形成壮根。为使杂草防治效果好，可在1月中旬至2月下旬进行化学除草。2月中旬至2月底，3月中下旬分别追施化肥75～120kg/hm²、120～150kg/hm²，促进小麦返青拔节，提高小麦的分蘖率。3月初要浇返青水，肥力中等、群体偏少与肥力高、群体适宜或偏大的麦田分别在拔节期稍前或拔节初期、拔节后期进行追肥浇水。

2.化学调控防倒伏

小麦倒伏分为根倒伏和茎倒伏两种，一般主要是茎倒伏，主要是由于前期氮肥施用量较大，造成小麦群体过大，田间郁闭，通风透光不好，小麦徒长旺长，基部节间过长，后期出现大风天气小麦易发生倒伏。因此在小麦生产中，应根据土壤的肥力状况进行科学施肥浇水。

3.抽穗及灌浆成熟期

小麦抽穗扬花期（4月中、下旬），为防治小麦蚜虫、吸浆虫、黏虫、锈病、白粉病和赤毒病等，延长小麦生长期，提高产量，可喷施杀虫剂，连续使用1～2次。同时灌水1～2次，第一次灌水在初穗扬花期进行，以保花增粒促灌浆，达到粒大、粒重、防止根系早衰的目的；第二次灌麦黄水以补充水分，并为复播第二茬作物做前期准备。

（五）适时收获

小麦一般在6月上中旬成熟，整个麦田2/3的麦穗发黄时收割，小麦蜡熟末期是最佳收获期。但小麦不可过于成熟，以免籽粒脱落而减少收成。小麦要分品种进行单收、单晒、单储，以免品种混杂，降低小麦的商品性和经济价值。

第二节 稻米

稻米也叫稻或水稻，是一种可食用的谷物，一年生草本植物，性喜温湿，中国南方俗称其为"稻谷"或"谷子"，脱壳的粮食是大米。煮熟后称米饭（中国北方讲法）或白饭（中国南方讲法）。稻谷是我国的主要粮食作物之一，具有悠久的种植历史和较大的种植面积。

稻米的种植技术，包括稻田和插秧，是在中国发明的。

稻的耕种除传统的人工耕种方式，亦有高度机械化的耕种方式。但仍不失下列步骤：

（1）整地。种稻之前，必须先将稻田的土壤翻过，使其松软，这个过程分为粗耕、细耕和盖平三个阶段。

（2）育苗。农民先在某块田中培育秧苗，此田往往会被称为秧田，在撒下稻种后，农人多半会在土上洒一层稻壳灰；现代则多由专门的育苗中心使用育苗箱来培育稻苗，好的稻苗是稻作成功的关键。在秧苗长高约8cm时，就可以进行插秧了。

（3）插秧。将秧苗仔细地插进稻田中，间隔有序。传统的插秧法会使用秧绳、秧标或插秧轮在稻田中做记号。手工插秧时，会在左手的大拇指上戴分秧器，帮助农人将秧苗分出，并插进土里。插秧的气候相当重要，如大雨则会将秧苗打坏。现代多有插秧机插秧，但在土地起伏大，地形不规则的稻田中，还是需要人工插秧。秧苗一般会呈南北走向，还有更为便利的抛秧。

（4）除草除虫。秧苗成长的时候需时时照顾，并拔除杂草，有时也需用农药来除掉害虫（如福寿螺）。

（5）施肥。秧苗分蘖期往往需要施肥，让稻苗成长得健壮，并促进日后结穗米粒的饱满和增加粒量。

（6）灌排水。水稻一般都需在插秧后，幼穗形成时，还有抽穗开花期加强水分灌溉。

（7）收成。

（8）干燥、筛选。收成的稻谷需要干燥，过去多在三合院的前院晒谷，需时时翻动，让稻谷干燥。筛选则是将瘪谷等杂质去掉，可用电动分谷机、风车或手工抖动分谷，利用风力将饱满有重量的稻谷自动筛选出来。

（9）免耕抛秧法。人工种植水稻的一种新方法，可以省去整理土地的苦累。主要思路就是只对土地进行除草，而秧苗是用秧盘进行育苗。不过，只能适用于水田。由于免去了对土地的整理，而且抛秧也比插秧简单，因此可以大幅度减轻农民的劳动负担。

第三节 食用油料

一、选择适宜品种和播期

油料作物一般都是喜光作物，在是开花结实期要求光照充足，以合成光合产物。品种及播种期的确定应保证开花结实期与最适宜气候同步。

油料作物的产量虽比许多作物低，但由于它们含有大量的脂肪和蛋白质，以及较多的灰分，产生同等重量的种子所消耗的葡萄糖要比谷类作物多得多。Sinclair等（1975）根据各种油料作物的化学组成，计算出它们的种子生物量产率，即每克光合产物生产的种子生物量（不包括灰分和水分）的棵数，并与玉米相比较，得出油料作物的生物量产率仅为玉米的56%～70%。而同等重量的油料作物种子贮藏的能量比玉米多29%～60%。此外油料作物经济系数低，一般只有0.3～0.4，建成营养体消耗的光合产物并不比谷类作物少。从种子和营养体两项所需的光合产物看，油料作物实质上并非低产作物，也不是耐荫作物。反而在生长发育中，特别是开花结实期需要充足的光照。

二、协调群体生长，提高结实率

油料作物收获产品大多为果实或种子，在产量形成过程中常常是分化的花芽数多，结果数少；或形成的胚珠数多，结籽数少；或籽粒充实度不够，饱粒数少，千粒重低。可分为两种情况：

（一）花果分布在上中下部

大豆、棉花、花生（主要在下部）、蓖麻都是边开花结果，边进行营养器官生长，营养生长与生殖生长的矛盾突出。有机营养来源主要靠距它们最近的叶片，这些叶片如果受光条件不好，就会造成营养亏缺，蕾、花、果脱落（花生还有是否能够下针的问题）。结果数少（尤其是前期的结果数少）是减产的主要因素。造成脱落的外因有光照、水分、温度、矿质营养以及是否有利于授粉受精等。对这类作物应注意群体发展是否协调，植株中下部果实着生部位是否有充足的光照和有机营养，供果实生长发育。

（二）花果主要在植株上部或顶部

油菜、芝麻、亚麻、向日葵、红花的果实着生在植株顶部或上部，在营养生长基本结束或结束之后才开花结实，先开的花较易结实，后开的花常因环境不适或植株衰老而不能结实，结籽率与籽粒重是构成产量的主要因素。

三、协调成熟期的源库关系

有些油料作物种子的灌浆物质部分或大部分来源于果皮等生殖器官，如油菜、芝麻、亚麻的果皮；向日葵的花序托及红花花苞均为提供大量灌浆物质的器官。这些器官是种子中的光合器官，其生长情况与籽粒生长密切相关。合理的栽培不仅要花果数适当，而且要注意有一定光合面积和效率。

四、调节油脂与蛋白质的合成

油料作物的产品主要是脂肪，同时还有另一重要成分蛋白质。在产量形成过程中脂肪与蛋白质的形成存在一定的关系。要获得高的产油量，必须维持适量的蛋白质含量。调节途径是：

（一）适时适量施用氮肥，密度与肥料配合得当

氮素的用量和施用期要使群体发展适度，保持较大的光合势，在籽粒灌浆期不会有过剩的氮吸收。过多过迟地施用氮素，造成贪青晚熟，果壳增厚，使光合产物过多的趋向合成蛋白质，油分积累减少，同时推迟成熟，油的酸值提高，含叶绿素多，品质下降。

（二）增施磷钾肥

磷能促进脂肪合成，所有油料作物施磷都能提高含油量，在适当增施氮肥的同时施用磷肥可使氮磷配合得当。钾有促进糖代谢的作用，合理施钾可提高产量及含油量，并防止倒伏。

（三）合理水分供应

脂肪的形成要在植株水分适宜的条件下才能顺利进行，水分不足或较多会使蛋白质含量提高。过度干旱或渍水则会使脂肪与蛋白质含量均下降。

第四节　玉米及薯类

一、玉米栽培技术

玉米是一年生雌雄同株异花授粉植物，植株高大，茎强壮，是重要的粮食作物和饲料作物，也是全世界总产量最高的农作物，其种植面积和总产量仅次于水

稻和小麦。玉米一直都被誉为长寿食品，含有丰富的蛋白质、脂肪、维生素、微量元素、纤维素等，具有开发高营养、高生物学功能食品的巨大潜力。

（一）选用高产、优质、综合性状好的品种

当家品种采用耐密性状好的浚单20、郑单958、丰玉4号。麦垄套种的也可采用单株增产潜力大的品种，如三北21号、蠡玉13、先玉335、锐步1号。播种时做好种子包衣处理，以防地下害虫危害。

（二）规范种植形式及密度

高产经验证明，扩大行距、增加密度是提高玉米单产的有效途径，播种形式以0.53～0.6米等行或0.4～0.8米大小行种植，改善玉米田间通风透光条件。耐密性品种一般亩留苗5 000株左右，实收株数不低于4 800株，大穗生育期长的品种亩留苗4 200株左右，实收株数不低于4 000株。要做到播种均匀、深浅一致，确保一播全苗。

（三）适期播种

大力推广播种、施肥一体机械化作业，麦收后贴茬机播要在6月16日前完成。麦垄套点的要在麦收前5～10天播种，以防播种过早苗大损伤。保证播种质量，要做到及时浇水，以促苗早发。

（四）及时查苗补苗、间苗定苗

以3～5片展开叶定苗为好，定苗时要拔除小苗、弱苗、病苗，留苗要均匀一致，缺苗留双株，地头地边密度适当增大。缺苗要及时补种或移栽，保证合理的留苗密度。

（五）实施测土配方施肥

按亩产700kg产量指标，总需肥量为亩施纯氮20～25kg、五氧化二磷4～6kg、氧化钾4～5kg。在施肥方法上，实行分次施肥，底肥、攻穗肥、攻粒肥合理搭配。一般亩施磷酸二铵10～15kg、钾肥8～10kg、锌肥1kg作底肥，用玉米播种机随着玉米播种一起施播下去。麦垄套点的地块，可结合浇出苗水，采取耧播或刨坑施肥方法，品种、数量同上。攻穗肥根据品种特性一般在7月中旬进行，亩施尿素35～40kg。攻粒肥要在玉米抽雄—吐丝期（8月中旬），亩施尿素10kg左右。

（六）根据玉米需水规律，科学掌握三次浇水

一是出苗水，机播玉米后，应立即浇出苗水，以促苗早出早发；二是攻穗水在7月中下旬玉米大喇叭口期进行；三是攻粒水要在8月中旬抽雄扬花期进行。浇水与追肥要协调安排。

（七）及时搞好化除、化控

一是及时喷施除草剂，要在浇出苗水后，趁墒喷施除草剂，每亩用水量要达到30～40kg，以确保除草剂药效的正常发挥。二是在玉米7～10片展开叶时及时喷施"金得乐"或"达尔丰"等生化试剂，亩用30～35g（一袋）兑水15kg喷施，具有明显的降秆、抗倒作用。

（八）搞好玉米隔行抽雄

多年经验证明，在玉米开花授粉前，搞好人工隔行去雄。既改善玉米田间通风透光条件，又使养分迅速往果穗转化，对提高玉米产量具有明显作用。

（九）综合防治病虫害

坚持做到三点：（1）苗期及时喷施杀虫剂，除治灰飞虱等传毒害虫，防治"坐坡"病。（2）拔节至大喇叭口期及时除治钻心虫、黏虫、棉铃虫等害虫。（3）抽雄至灌浆期及时喷施杀虫、杀菌剂，除治玉米蚜虫、钻心虫等害虫，也可以采用剪花丝、抹药泥等方法进行防治。

（十）坚持完熟收获，确保籽粒饱满

在籽粒乳腺消失、基部出现黑色层、达到完全成熟时再收获（时间掌握在9月底），以免收获过早，降低粒重，影响产量潜力的发挥，确保玉米实现高产、优质、高效。

二、甘薯栽培技术

甘薯块根中含有60%～80%的水分，10%～30%的淀粉，5%左右的糖分及少量蛋白质、油脂、纤维素、半纤维素、果胶、灰分等，若以2.5kg鲜甘薯折成0.5kg粮食计算，其营养成分除脂肪外，蛋白质、碳水化合物等含量都比大米、面粉高且甘薯中蛋白质组成比较合理，必需氨基酸含量高，特别是粮谷类食品中比较缺乏的赖氨酸在甘薯中含量较高。此外甘薯中含有丰富的维生素（胡萝卜素、维生素A、B、C、E），其淀粉也很容易被人体吸收。

（1）平地和二麦田能保霜、保肥、种植春薯丰产性很高，亩产可达4 000kg以上，岗岭薄地只要深耕 细作合理施肥（甘薯专用肥）都能获得很高的产量。春薯早栽亩产均在3 500kg左右 。

（2）平原地起垄为垄宽90cm，垄高45cm，株距25cm，亩栽苗3 000棵。山坡地起垄为垄宽80cm，垄高40cm，株距28cm，亩栽苗3 000棵。

（3）夏薯垄行距75cm。株距25cm，亩插3 500苗左右，亩产3 000kg以上。

（4）如想要产量千克以上，每亩施尿素10kg、磷肥20kg、硫酸钾30kg，高肥地少施或不施氮肥，增施磷肥多施钾肥（硫酸钾），否则因氮肥过多薯藤旺长而影响产量（氮、磷、钾配比1:2:3）。

（5）如果田间氮肥过多，薯秧长势过旺，必须喷施"缩节胺""多效唑""矮壮素"控制薯秧生长，防止减产。春薯平插，入土层2.5～3cm，埋三节露四节，要求地上部分苗头迁载时保持一致，插后40天喷施甘薯膨大素，生长中后期隔7至10天混合喷施甘薯膨大素和磷酸二氢钾、缩节胺或多效唑、矮壮素等，共喷四次。

（6）垄打好后三天内未栽苗或三天内已栽苗地块必喷施旱地除草剂"乙草胺"，如喷药后再栽苗，对栽苗时动土的地方再喷一次除草剂即可，春、夏薯迁插全部用甘薯头。

（7）甘薯是喜钾作物应多施钾肥（硫酸钾），打垄时施"包心肥"，用呋喃丹和肥料一块施入垄内，可防治地下害虫，避免减产。

（8）全生长期不翻藤，如遇阴雨天，雨后晴天提秧两次。每年更换脱毒种苗可增产20%以上。

（9）如在春薯大田内剪薯藤扦插夏薯，春薯则减产30%～40%。

（10）麦茬地斜插，应收割小麦后起垄早栽才能获得高产。

（11）栽苗四要素：a.浅栽 b.压紧 c.浇水 d.细封土

（12）甘薯全生育主要掌握三个要点：a.前期稳长 b.中期健壮 c.后期迟衰

（13）甘薯可与玉米、芝麻、烟叶套种，经济收入相当可观。春薯早栽采用地膜覆盖方法可提高产量20%以上。

三、马铃薯栽培技术

（一）选用脱毒无病种薯

选用块茎无碰伤、无缺损、无冻烂、无病毒和病害感染、无生理病害等的健康种薯。

（二）晒种

切种前将种薯平摊在土质场上，晒种2～3天，忌在水泥地上晾晒，晒种期间剔除病、烂、伤薯，以减轻田间缺苗，保证全苗，为丰产奠定基础。

（三）种薯切块

选好的种薯进行切块，每块种薯在30～50g大小，留2～3个芽眼，并用0.1%～0.2%高锰酸钾或40%甲醛液进行切刀消毒。切块用草木灰拌种或用稀土旱地宝每30mL兑水50kg浸种10分钟，捞出后沥干水分待播种。

（四）整薯播种

整薯播种可避免病毒和细菌性病害通过切刀传病，避免造成切块腐烂。整薯播种后出苗整齐，植株间结薯时期比较一致，生长的薯块整齐，商品率高，同时，整薯播种比切块播种抗逆性强、耐干旱、病害少，增产潜力大，据试验，整薯播种比切块播种的示范结果增产30%～50%。一般选用20～50g种薯进行整薯播种。

（五）播种时期

播种期应在晚霜前20～30天，气温稳定通过5～7℃时播种，以免幼苗遭受晚霜冻的危害，一般在4月10日～5月10日播种。

（六）播种

用15～20马力小四轮拖拉机，用酒泉铸陇机械有限公司生产的2CMX-2型马铃薯播种机，一次性完成施肥、起垄、播种、覆膜工作。垄底宽70cm，垄面宽65cm，垄高25cm，垄间距40cm，带幅115cm。播深15cm，每垄2行，行距20～30cm，株距18～26cm，亩保苗根据品种而定（5 000～6 500株）。大西洋、克新4号亩保苗6 500株左右为宜，新大坪、陇薯系列亩保苗500株左右为宜。选用0.008mm规格，宽90cm的地膜，亩用4～5kg，覆膜要求"紧、展、严、实"。

（七）膜上覆土

在马铃薯播种后约15～18天，即马铃薯出苗前一周左右，苗距膜面2厘米前，在地膜上人工或机械覆土3～5cm，可避免地膜表面温度过高而烫苗，同时，覆土后幼苗可以自然顶出，不用人工放苗。

（八）合理灌溉

在马铃薯发棵期、开花期、膨大期、淀粉积累期各灌水1次，做到灌水不漫垄，结合灌水注意中耕除草。全生育期灌水量控制在240m³以内。

（九）促控结合

适时观察花前有无徒长现象，如有徒长用多效唑进行化控；在马铃薯膨大期用土豆膨大素进行叶面喷雾。

（十）病虫综合防治

针对马铃薯病虫害的发生危害特点，按照"预防为主、综合防治"的植保方针，在重点落实好五项措施，即"播前选种关，土壤处理关、切刀消毒关、种薯浸泡关，药剂防治关"的基础上，大力推广脱毒种薯。发现地下害虫或蚜虫后，用高效氯氰菊酯喷雾防治；发现中心病株及时拔除，用多菌灵预防早疫病，用抑快净、杜邦克露和甲霜灵锰锌交替防治晚疫病。

（十一）适期收获

马铃薯地上的茎叶由绿变黄，叶片脱落，茎枯萎，地下块茎停止生长，并易与薯秧分离，这时的产量达到最高峰，应及时进行收获。对还未成熟的晚熟品种，在霜冻来临之前，应采取药剂杀秧、轧秧、割秧等办法提前催熟，及早收获，以免造成损失。

第三章 加工基本原理

第一节 挂面

图3-1 挂面

挂面是十分受广大消费者欢迎的面制食品，销量很大，并且是已经成功地实现了工业化生产的传统主食食品之一。

我国是面条制品的故乡。据史料记载，面条制品始于东汉时期，距今已有1 000多年的历史。东汉时把面条称为"煮饼"或"汤饼"。在唐、宋时期已广为食用，苏东坡有"汤饼一杯银线乱，蓉蒿数箸玉簪横"的诗句，并且产品种类已有当地特色。中国的制面技术在隋唐时传入日本，并于1883年由日本真崎照乡氏制成辊压制面机，加上干燥技术的进步，便出现了工业化生产挂面的局面。

挂面按制作面条的小麦粉等级分为：富强粉挂面（以特制一等粉为原料）、

上白粉挂面（以特制二等粉为原料）、标准挂面（以标准粉为原料）；

按面条宽度的不同分为：龙须面或银丝面（宽度为1mm）、细面（宽度为1.5mm）、小阔面（宽度为2mm）、大阔面（宽度为3mm）、特阔面（宽度为6mm）；

按添加物种类分为：鸡蛋挂面、牛奶挂面、肉松挂面、鸡汁挂面、肉汁挂面、番茄汁挂面、辣味挂面、绿豆挂面、荞麦挂面等花色品种，还有添加某些维生素的营养强化型挂面，如高钙挂面、营养挂面等。

按照配方，在原、辅料中加水，进行一定时间的搅拌混合（拌面和面），再经过一定时间的熟化，使小麦粉中的蛋白质吸水膨胀而相互粘连形成面筋，同时使小麦粉中的淀粉吸水浸润饱满起来，从而使没有可塑性的小麦粉成为具有可塑性黏弹性和延伸性的颗粒状湿面团；通过压片，把面团压成一定厚度的面带；通过压片把面条切成一定厚度的面条（如果生产当天销售的湿切面，到此即可切断出售）；把面条定长切断，再通过保湿干燥，将鲜湿面条干燥到安全水分；最后通过切断、计量、包装等工序，即生产出成品挂面。将原、辅料经过和面、熟化、压面、干燥、切断等工序，逐步完成面带中面筋的形成和均匀分布，并经过干燥工序达到面条储藏所要求的安全水分，就是挂面生产的基本原理。

第二节　馒头

馒头又称之为馍、蒸馍，是中国特色传统面食之一，它是一种用面粉发酵蒸成的食品，形圆而隆起。馒头有不少品种，最主要是白馒头，还有甜馒头、咸馒头等。主食馒头即白馒头，基本上都是以面粉、酵母、水为原料制得的，有的会添加少量碱，加入盐和糖则分别制得咸馒头和甜馒头。传统上制作馒头是以面种为引子，也有以酒酿或甜酒为引子的。工业生产馒头一般是以酵母来发酵的。馒头是中国最典型的发酵面团蒸食。

一、和面原理

（一）面粉的水化和溶胀

面粉中的淀粉和蛋白质在与水混合的同时，会将水分吸收到粒子内部，使自身润胀，这种过程称为水化过程。淀粉的形状接近球形，水化作用较为容易，而蛋白质由于表面积大且形状复

图3-2　馒头

杂，水化所需时间较长。

（二）蛋白质的变化与面团的黏弹性

面团形成过程发生着复杂的化学反应，其中最重要的是面筋蛋白质的含硫氨基酸中硫基和二硫键之间的变化。另外，在搅拌过程中，面粉蛋白质中的硫基被混入面团中的氧气和氧化剂所氧化，转变成二硫基团，产生分子间二硫键结合的大分子面筋网络，使面团变得有弹性、韧性，持气性亦增强。

（三）和面过程中面粉蛋白质与脂质的相互作用

1.面筋是脂质-蛋白质复合体面粉加水搅拌后，蛋白质聚合体解离减少，随着进一步搅拌和面团形成，游离脂质不断减少而相结合脂质转化，直至面团的完全形成为止。

2.在面团搅拌过程中，面粉中的脂质主要是与蛋白质结合成复合体。在馒头中，脂质是与淀粉结合的，脂质-淀粉复合体能延缓淀粉的回生老化，起到抗老化和保鲜作用。

3.乳化剂对脂质-蛋白质相互作用的影响乳化剂是重要的馒头品质改良剂，它能加强面粉中脂质与蛋白质的相互作用。

（四）面团搅拌中的物理变化

当面粉和水一起搅拌时，面粉中的蛋白质和淀粉等成分便开始吸水过程。由于各种成分吸水性不同，它们的吸水量也有差异。

（五）和面过程中的其他变化

在搅拌过程中，面团的胶体性质不断发生变化。蛋白胶粒一方面进行着吸水膨胀和胶凝作用，另一方面产生着溶胶作用。在一定时间和一定搅拌强度下，高筋粉的面粉胶凝作用大于溶胶作用，其吸水过程进行得缓慢，这类面粉要适当延长调粉时间。而中筋粉和弱力粉的吸水过程开始进行得较快，到一定程度后，其溶胶作用大于胶凝作用。对这类面粉要缩短搅拌时间。

（六）食盐对面团胶体性质的影响

随食盐溶液浓度而不同。加盐适量，能与面筋产生相互吸附作用，增强面筋的弹性和韧性；加盐过量，面团易被稀释，其弹性和延伸性变差。在蒸制花卷时一般需要放盐，要注意盐的放入量。

（七）和面工艺要求

对于馒头来讲，对和面工艺有一定的要求，简单说来就是使得和面后的面团有利于后续工序的进行，有利于提高产品质量。面团的物理性状主要包括弹性、韧性、可塑性、延伸性等。一般要求和面到面团的外观干燥，表面光滑，有面团良好的弹性和延伸性。无论是一次和面工艺还是二次和面工艺，都应注意以下事项。

（1）小麦粉的选择；（2）加水量的控制；（3）面团温度的控制

二、发酵原理

面团发酵是面粉等各种原辅料搅拌成面团后，经过一段时间的发酵，加工出体积膨大、组织松软有弹性、口感疏松、风味诱人的产品的过程。

（一）面团发酵原理

面团发酵的目的主要有以下几点。

（1）使酵母大量繁殖，产生二氧化碳气体，促进面团体积的膨胀。

（2）改善面团的加工性能，使之具有良好的延伸性，降低弹韧性，为馒头的最后醒发和蒸制时获得最大的体积奠定基础。

（3）使面团和馒头得到疏松多孔、柔软似海绵的组织和结构。

（4）使馒头具有诱人的香甜味。

（二）面团发酵过程中的酸度变化

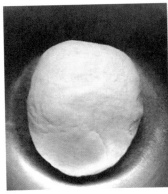

图3-3 面团发酵

随着面团发酵的进行，也会发生其他的发酵过程，如乳酸发酵、醋酸发酵、丁酸发酵等，使面团的酸度增高。pH值的变化对面团中酶的活性、微生物的生长、最终馒头的品质等有较大的影响，所以pH值的变化对发酵过程影响较大。

（三）面团发酵过程中风味物质的形成

面团发酵的目的之一，是通过发酵形成风味物质。在发酵过程中形成的风味物质大致有以下几类。

（1）酒精，是经过发酵形成的。

（2）有机酸，指乳酸、醋酸、丁酸、酪酸等。

（3）酯类，是酒精与有机酸反应而生成的带有挥发性的芳香物质。

（4）羰基化合物，包括醛类、酮类等多种化合物。

（5）醇类，指丙醇、丁醇、异丁醇、戊醇、异戊醇等。

（6）酵母，酵母本身也具有一种特殊的香气和味道，由于被配方中的其他配料所稀释，而不能为人们所鉴别。有关学者认为此种香气来源于酵母脂肪。

（7）除了酵母以外，某些细菌对形成良好的馒头风味也是十分必要的。

（四）面团发酵过程中流变学及胶体结构的变化

面团发酵中产生的气体，形成膨胀压力，使面筋延伸，这种作用就像缓慢搅拌作用一样，使面筋不断发生结合和切断。另外，在面团发酵过程中，氧化作用可使面筋结合，但过度氧化，又会使面筋衰退或硬化。

在发酵过程中，蛋白质受到酶的作用后而水解使面团软化，增强其延伸性，最终生成的氨基酸又是酵母的营养物质。小麦粉中酶的作用一般不会使面团发酵过度。但是使用蛋白酶制剂不适当时，却有使面团急速变软、发黏、失去弹性、过度延伸等不良现象。

（五）影响面团发酵的因素

1.影响酵母产气能力的因素

（1）温度；（2）pH值；（3）酒精浓度；（4）酵母的数量；（5）发酵时间

2.影响面团发酵持气的因素

（1）小麦粉　小麦粉的氧化程度决定着持气能力的大小，小麦粉质量是最主要的因素。氧化程度低的面团表面湿润，缺乏弹性，氧化过度的面团易撕裂。因此要选用适当的小麦粉和添加剂，使面团最大限度地保存发酵产生的二氧化碳气体。

（2）软硬程度（即吸水率）　调制发酵面团，要根据面团用途具体掌握，调节软硬。一般来说，作为发酵的面不宜太硬，稍软一点较好，同时还要根据天气冷暖以及面粉质量（面筋质多少、面粉粗细、含水量高低），干湿等情况全面考虑。

（3）面团搅拌　最初的搅拌条件对发酵时的持气能力影响很大，特别是快速发酵法要求搅拌必须充分，才能提高面团的持气性。而长时间发酵如二次发酵法，即使在搅拌时没有达到完成阶段的面团，在发酵过程中面团也能膨胀，形成持气能力。

（4）面团温度　面团温度对搅拌时的水化速度、面团的软硬度以及发酵过程中持气能力有很大影响。温度过高的面团，在发酵过程中，酵母的产气速度过快，面团的持气能力下降。因此长时间发酵的面团必须在低温下进行。

以上各个因素并不是孤立的，而是相互影响、相互制约的。若酵母多，发酵时间就短，反之发酵时间就长；温度适宜，发酵就快，反之，发酵速度就慢。因此要取得良好的发酵效果，要从多方面情况加以考虑，掌握恰到好处，不过主要还是取决于时间的控制和调节。若酵母少，天气冷，面团较硬，发酵时间就可以长一些；酵母多，天气热，面团又软，发酵时间就可以短一些。这样加以调节的结果，发酵大体上适当，所以控制发酵时间又是发酵技术中的关键。

第三节 油炸食品

油炸食品是指在加工过程当中，以高温油炸作为主要加工手段的一种食品。如油炸麻花、炸春卷、炸丸子，每天早餐所食用的油条、油饼、炸馒头片以及近年来洋快餐中的炸薯条、炸鸡翅和零食里的薯片、油炸饼干等。油炸食品主要以面粉、豆类、薯类、果仁等为原料，由于制作过程中原料受热后水分急剧汽化，制成的产品体积明显增大，酥脆度增加。油炸食品也因其酥脆可口、香气扑鼻，能增进食欲，而深受许多成人和儿童的喜爱。

图3-4 油条

一、传统油炸食品面团制作

油炸食品为了在油炸过程中获得较好的松脆结构，一般使用的面团都为膨松性面团。所谓膨松面团，是在面团中加入适当和适量的能够产生气体的辅助原料，或采用适当的调制方法，使面团发生生物的、化学的或物理的反应，产生气体，通过加热，气体膨胀，从而赋予制品膨松酥脆的结构。根据产生气体的方法不同，膨松面坯可分为生化膨松面坯、化学膨松面坯和物理膨松面坯三种。

利用酵母菌的繁殖发酵产生气体，使面坯膨松，这种工艺方法称为酵母膨松法，生产的面坯为生化膨松面坯。生化膨松面坯具有体积疏松膨大、质地细密暄软、组织结构呈海绵状、成品味道香醇适口的特点。代表品种有各式馒头、花卷、包子等。

利用化学膨松剂的化学反应产生气体，使面坯膨松，这种工艺方法称为化学膨松法，生产的面坯为化学膨松面坯。化学膨松面坯体积疏松多孔，呈蜂窝或海绵状组织结构；成品具有口感酥脆浓香的特点。代表品种有油条、马拉糕、开口笑、各式饼干等。

17

经过物理搅拌可以裹进大量的气体，使面坯膨松，这种工艺方法称为物理膨松法，生产的面坯为物理膨松面坯。物理膨松面坯的特性是体积疏松膨大，组织细密暄软，结构多孔呈海绵状，成品蛋香味浓郁。代表品种有各式蛋糕。

二、油炸食品的熟制过程

油炸是将已经成型的面点生坯投入加热到一定温度的油内进行炸制成熟的过程。具有两个特点：一是油量多；二是油温高。油炸一般适用于麻花、油条、春卷等制品。

1.炸制的基本原理

油炸时的热量传递主要是以热传导的方式进行的，其次是对流传热。油炸过程中热量的传递介质是油脂。油脂通常被加热到160～180℃，热量首先从热源传递到油炸容器，油脂从容器表面吸收热量再传递到制品的表面，然后通过导热把热量由外部逐步传向制品内部。

在油炸过程中被加热的油脂和面点进行剧烈的对流循环，浮在油面的面点受到沸腾的油脂的强烈对流作用，一部分热量被面点吸收而使其内部温度逐渐上升，水分不断受热蒸发。

油炸过程中几种热量传递方式是同时发生的，但热传导是主要的传热方式。

同水相比较，油脂的温度可以达到160℃以上，面点又被油脂四面包围同时受热。在这样高的温度下，面点被很快地加热至熟而且色泽均匀一致。油脂不仅起着传热作用，而且本身被吸附到面点内部，成为面点的营养成分之一。

热量传递到面点内部的多少随着不同的油温而有所不同。油温越高，物体中心温度上升越快；物体越厚，内部温度上升越缓慢。

2.油在炸制面点过程中的变化

油在炸制过程中的变化分为轻度加热和高温加热两种情况。温度为250℃以下称为轻度加热；250～350℃之间称为高温加热。油在加热过程中，其物理性质和化学性质要发生很大的变化。物理性质的变化表现在：黏度增大，色泽变深，油起泡、发烟等。化学性质变化为：发生热氧化、热聚合、热分解和水解并生成许多热分解物质。

油脂发生热氧化是在空气存在的情况下发生的激烈的氧化反应，同时伴随有热聚合和热分解。热氧化和自动氧化并无

图3-5 油炸食品

本质区别，只是在高温下，热氧化的速度比自动氧化要快得多。不同点在于：自动氧化过程中饱和脂肪酸的氧化比较缓慢，而在热氧化过程中，饱和脂肪酸也同样能被激烈地氧化。

热聚合和热分解是在不存在空气的情况下，即在油的内部发生的高温聚合和分解反应。

在高温加热中，油脂黏度增高，在300℃以上增黏速度更快。油脂加热黏度增高的化学原因是发生了聚合作用。

热分解在260℃以下时并不明显，当温度上升到350℃以上时可分解为酮类和醛类。

在油炸过程中，油同水的接触部分发生水解，由于生坯带有水分，水解随着温度升高而加快。水解是因水的作用将油脂分解成游离脂肪酸的反应。

第四节　杂粮食品

图3-6　杂粮

杂粮制成的主食品是指用玉米、小米、高粱、马铃薯、甘薯、荞麦、燕麦、黍、稷为原料，分别制成的各式方便主食品。这些制品分为下列七大类。

一是面条类制品，包括挂面、湿面（生）、速食湿面、冻结方便面、烘干方便面、油炸方便面、面条粉、水饺粉、水饺皮子等九类。

二是馒头类制品，包括馒头粉、馒头自发粉、馒头、包子、烙饼等五类。

三是烘焙食品类，包括面包粉、面包、饼干粉、饼干等四类。

四是快餐粉类制品，包括快餐粉、膨化型营养快餐粉、混合型营养快餐粉等三类。

五是米粉（条）类制品，包括米（条）、湿米粉（条）、方便米粉（条）等三类。

　　六是糕团类制品，包括汤团粉、汤团、发糕、年糕、煎饼、蒸饺等六类。

　　七是速食米制品类，各类杂粮速食米等一类。

　　以上31类制品大致可以分为3种类型。

　　前四类共21类制品，它们都是以配合粉为原料制成的，配合粉是由各杂粮的精制粉、膨化粉以及谷蛋白粉、增稠剂等按配方混合而成的，主要利用膨化粉、谷蛋白粉和增稠剂的粘连性、水溶性成型。

　　第五和六类共9类制品，它们是以单一杂粮为原料制成的，其特点是利用淀粉糊化和老化的原理，依据传统工艺制取各式米粉、糕团。

　　第七类是杂粮籽粒的制品，即各类杂粮的速食米。

　　中医古籍《黄帝内经》记载，"五谷为养，五果为助，五畜为益，五菜为充"。粗杂粮的某些微量元素，例如铁、镁、锌、硒的含量要比细粮多一些。这几种微量元素对人体健康的价值是相当大的。粗杂粮中的钾、钙、维生素e、叶酸、生物类黄酮的含量也比细粮丰富。粗粮含有丰富的营养素，如燕麦富含蛋白质；小米富含色氨酸、胡萝卜素；豆类富含优质蛋白；高粱富含脂肪酸及丰富的铁；薯类含胡萝卜素和维生素C。此外粗粮还有减肥之功效，如玉米还含有大量镁，镁可加强肠壁蠕动，促进机体废物的排泄，对于减肥非常有利。

　　用粗杂粮代替部分细粮有助于糖尿病患者控制血糖，研究表明，进食粗杂粮及杂豆类后的餐后血糖变化一般小于小麦和普通稻米，可减少24h内血糖波动，降低空腹血糖，减少胰岛素分泌，利于糖尿病病人的血糖控制。杂粮可以促进胆固醇排出体外，可预防、辅助治疗高血压、动脉粥样硬化等疾病。杂粮同样含有淀粉，但是吃粗粮后却不会引起血糖的升高，其原因就在于粗糙的细胞壁不易被人体破坏，其组织均含有较多的膳食纤维素，膳食纤维素经过代谢的作用，可以促进肠蠕动，缩短粪便在肠内停留时间，使大便通畅。

　　杂粮可以制作杂粮粉、杂粮面和馒头等制品，其加工原理也和上述产品加工原理类似。

第四章　主要原料和辅料

第一节　主要原料

一、面粉

面粉是一种由小麦磨成的粉状物。按面粉中蛋白质含量的多少，可以分为高筋面粉、中筋面粉、低筋面粉及无筋面粉。

面粉（小麦粉）是中国北方大部分地区的主食，用面粉制成的食物品种繁多，花样百出，风味迥异。

由于各厂家加工工艺及所采用原料的不同，即使是不同品牌的同种类的面粉都会有吸水性的差异，比如同是高筋粉或者同是面包粉，吸水性都会有些许差别，所以使用时应根据面粉的特性，正确添加水分，这样才能做出成功的面点。

在国内，普通家用面粉其实是不习惯用"高筋粉、中筋粉、低筋粉"来区分并做商品名的，所以一般超市看到的多是"包子粉""特一粉""精制粉"等，严格说来，这样的名称不规范，但通俗易懂。

二、杂粮精制粉

精制粉是以谷类杂粮玉米、小米、高粱、荞麦、燕麦、黍米、稷米等为原料，经清理去皮后直接磨成的细粉。为叙述方便和便于操作，特专门提出精制粉的概念，以利明确区分。精制粉生产过程中最重要的环节是掌握它的粗细度，这对杂粮主食品加工有着特别重要的意义，要求尽量细一些，一般在120～180目之间，这是因为粒径小，各种黏性原料才能将它紧密包裹住，形成网络，利于成型。

图4-1　杂粮粉

1.工艺流程：

原粮清理→去皮去壳→粉碎→精制粉半成品

2.操作要点：

（1）根据各种原粮特点，分别采用不同设备工艺进行清理，做到仔细认真。

（2）采用微细粉碎机，按不同粗细度和质量标准粉碎出合格产品。

（3）制取各类精制粉的原粮，经严格精选，要求籽粒成熟、饱满、均匀、纯净。

（4）为避免受污染或造成细菌含量超标，因此各道工序都要保持清洁，层层严格把关。

3.精制粉质量标准

粗细度120~180目；灰分≤1.1%≤含砂量≤0.02%≤杂质≤1.0%；磁性金属物≤0.003%；水分≤12%；气味正常。

为了避免混乱，每一种杂粮的精制粉都要使用标记并冠以该杂粮的名称，如玉米精制粉、荞麦精制粉等。某一种杂粮的混合粉都要以其主要成分的杂粮命名，即以该杂粮精制粉名称命名，如玉米配合粉、高粱配合粉、马铃薯配合粉、荞麦配合粉等。每一种杂粮原貌的独特风味和固有性质功能，都要依托其主要成分而得到充分体现和保留。配合粉的各成分，各有各的功能，各自发挥自己的作用，其中精制粉起着主导核心作用。

凡粉制品都是配合粉的制品，而配合粉都要以某一种杂粮为主体，以精制粉和膨化粉为主要成分。广泛使用配合粉，对开发杂粮、强化主食营养、营养互补、调整口味口感都是最好的选择。配合粉以某一种杂粮为主体，再辅以其他杂粮和辅料，不使用任何合成添加剂，直接由几种粮食配合而成，可使各种营养得到强化。发展配合粉受到世界各国的重视，已成为世界潮流。配合粉以各种杂粮的精制粉为主体和载体，以其他多种成分为辅料，组合合理，营养平衡，口味口感得到改进。

三、杂粮膨化粉

膨化粉是以杂粮，包括玉米、小米、高粱、马铃薯（薯干）、甘薯（薯干）、荞麦米、燕麦米、稷米为原料，经过清理，去壳去皮，分别挤压膨化后磨成细粉得到的。

图4-2 膨化小米

1.工艺流程

原料清理→调整水分→去皮去壳→筛理→挤压膨化→粉碎→半成品

2.操作要点

（1）清理 根据各种原粮的特点，分别采用不同设备工艺进行清理，必须做到除杂干净。

（2）调整水分 单螺杆挤压膨化机主要

靠膨化物料自身含水量蒸发膨胀的力量工作，所以物料不能过分干燥，含水量应在15%～17%。

（3）去皮　去壳达到籽粒纯净。

（4）筛理　物料粒径12～14目，单螺杆挤压膨化机以12～14目的工作效率为最高，故应按此规格筛选，要尽量避免过大或过小。

（5）挤压膨化　这是一道关键性工序，膨化要充分，要均匀而不留白斑、不夹生、不焦黄、色泽一致，是否达到上述要求是膨化粉质量优劣的关键。

（6）粉碎　一般用锤片式粉碎机或其他粉碎设备制成粗细度为80～90目的细粉，即为半成品。

3.膨化粉质量标准

灰分杂质≤1.0%；粗细度80～90目；含砂量≤0.02%；水分≤8%；磁性金属物≤0.003%。

四、薯全粉

1.工艺流程

选薯与清洗→去皮→切片→防止褐变处理→干燥（制取薯干）→磨粉→成品

2.操作要点

（1）原料选择　原料品种的选择对制成品的质量有直接影响。不同品种的马铃薯，其干物质含量、薯肉色、芽眼深浅、还原糖含量以及龙葵素的含量和多酚氧化酶含量都有明显差异。干物质含量高，则出粉率高；薯肉白者，成品色泽浅；芽眼越深越多，则出粉率越低；还原糖含量高，则成品色泽深；龙葵素的含量多，则去毒难度大，工艺复杂；多酚氧化酶含量高，半成品褐变严重，导致成品颜色深。

图4-3　紫薯粉

（2）清洗　清洗的目的是要去除马铃薯表面的泥土和杂质。

（3）去皮　适合于马铃薯的工业去皮方法有磨擦去皮、蒸汽去皮及碱液去皮。去皮过程中要注意防止由多酚氧化酶引起的酶促褐变。可采取的措施有添加褐变抑制剂（比如亚硫酸盐）、清水冲洗等。

（4）切片　分手工切片和机械切片。手工切片效率比较低。一般用切片机将薯块切成5～7mm的薄片，也可用刨丝机刨成条状薯丝。

（5）防止褐变　防止褐变、护色脱色是薯类食品加工的关键技术之一，对产品质量影响很大。把去了皮的薯肉浸在淡食盐水中，可防止褐变。

（6）干燥 干燥这一道工序有两种方式：一是薯片经防止褐变处理即经热烫、硫处理后，立即进行高温快速干燥，时间尽量缩短；二是薯片经热烫、硫处理后，立即低温快速干燥。低温指干燥温度在40℃以下，一般为35～40℃，快速指空气高速流动（用风机）以缩短干燥时间。前者用于一般薯全粉，后者用于发酵类制品的活性薯全粉，其淀粉酶具有活性。

（7）粉碎 粉碎同样也是马铃薯全粉生产过程中的关键工艺。试验研究发现，采用锤式粉碎机粉碎效果不太好，产品的游离淀粉率高。国外生产选用粉碎筛选机，效果不错。针对国内设备情况，选用振筛，靠筛板的振动使物料破碎，同时起到筛粉的作用，比用锤式粉碎好。

3.薯全粉的质量指标

感官指标：薯全粉为白色或乳白色粉末或薄片，具有马铃薯特有的滋味和气味。

理化指标：水分小于等于5%；蛋白质大于或等于5%；碳水化合物60%～70%；粗纤维1.8g/100g；龙葵素（鲜薯）小于20mg/100g；游离淀粉率1.5%～2.0%。

微生物指标：细菌总数少于1 000个/g；大肠菌群少于30个/100g；致病菌不得检出。

第二节 主要辅料

一、酵母

（一）酵母在面食中的工艺性能

酵母在发酵过程中的作用有以下几个方面：

1.使产品体积膨松

它能在有效时间内产生大量的二氧化碳气体，使面团膨胀并具有轻微的海绵结构，通过蒸制，可以得到松软适口的馒头。

2.促进面团的成熟

酵母有助于麦谷蛋白结构发生必要的变化，为整形操作、面团最后醒发以及蒸制过程中馒头体积最大限度地膨胀创造了有利条件。

3.改变产品风味

酵母在发酵过程中能产生多种复杂的化学芳香物质，比如产生的酒精和面团中的有机酸形成酯类，增加馒头的风味。

4.增加产品的营养价值

在酵母中含有大量的蛋白质和B族维生素，以及维生素D、类脂物等。酵每克干物质中含有20～40μg硫胺素，60～85μg核黄素，280μg烟酸。这些营养成分都提高了发酵食品的营养价值。

（二）酵母的种类与特点

酵母通常有以下三种：

1.鲜酵母

鲜酵母又称压榨酵母，它由酵母菌种在糖蜜等培养基中经过扩大培养、繁殖、分离、压榨而制成。鲜酵母有以下特点：

（1）活性和发酵力都较低 市售鲜酵母的发酵力一般在650mL左右。因此使用时需增加用量，否则就会延长生产周期，影响馒头品质。

（2）活性不稳定 随着储存时间延长和储存条件不适当，活性迅速降低。例如采用二次发酵法，刚出厂1周的鲜酵母使用量为1%；储存2周后就要增加到1.5%；储存3周后需增加到2%。因此需经常随着储存时间延长而增加其使用量，否则达不到质量要求，并增大了成本。

（3）发酵速度慢 由于活性低，发酵力不高，在相同条件下，要比其他酵母发酵时间延长1～2倍，延长了生产周期，影响了馒头质量。

（4）储存条件严格 必须在冰箱或冷库中等低温条件下储存，增加了设备投资和电能消耗。如果在室温下储存，很容易自溶和变质。

（5）储存时间短 有效储存时间仅有3～4周，不能一次性购买太多，需经常采购，增大了费用支出，对于远离酵母生产厂家的工厂来说，使用极不方便。

（6）不宜长途运输 由于鲜酵母必须储存在低温下，对于远离酵母厂而又无冷藏车的厂家更是困难重重，特别是夏季，这种困难更为突出。

（7）使用前需要活化 用30～35℃的温水活化10～15min。

（8）优点 价格便宜。

2.活性干酵母

活性干酵母是由鲜酵母经低温干燥而制成的颗粒酵母，它具有以下特点：

（1）使用比鲜酵母更方便。

（2）活性很稳定，发酵力很高，高达1.3L。因此使用量也很稳定。

（3）不需低温储存，可在常温下储存1年左右。

（4）使用前需用温水活化。

（5）缺点是成本较高。

我国目前已能生产高活性干酵母，但使用不普遍。

3.即发活性干酵母

即发活性干酵母是近些年来发展起来的一种发酵速度很快的高活性新型干酵

母，主要生产国是法国、荷兰等。近年来，我国与国外合资建设了多家适合生产中国面食发酵的即发活性干酵母企业。它与鲜酵母、活性干酵母相比，具有以下鲜明特点：

（1）使用非常方便　使用前无须溶解和活化，可直接加入面粉中拌匀即可，省时省力。

（2）活性特别高　发酵力达1.3～1.4L。因此在所有的酵母中即发型酵母的使用量最小。

（3）活性特别稳定　因采用真空密封或充氮气包装，储存达数年而活力无明显变化，故使用最稳定。

（4）发酵速度快　能大大缩短发酵时间，特别适合于快速发酵工艺。

（5）不需低温储存　只要储存在室温状态下的阴凉处即可。无任何损失浪费，节约了能源。

（6）缺点价格较高　从以上分析可以看出，虽然即发活性干酵母成本高，但其活性高，发酵力大，活性稳定，无任何损失浪费，是其目前能在全国广泛使用并代替鲜酵母的原因。

二、水

（一）水在馒头制作中的作用

（1）蛋白质吸水胀润形成面筋网络，构成制品的骨架；淀粉吸水膨胀，加热后糊化，有利于人体的消化吸收。

（2）溶解各种干性原辅料，使各种原辅料充分混合，成为均匀一体的面团。

（3）调节和控制面团的黏稠度和湿度，有利于成型。

（4）通过调节水温来控制面团的温度。

（5）帮助生化反应。生化反应包括酵母都需要有一定量的水作为反应介质及运载工具，尤其是酶。水可促使酵母的生长及酶的水解作用。

（6）为传热介质，在熟制过程中热量能够顺利传递。

（二）水质与面团质量的关系

水质对面团的发酵和馒头的质量影响很大。在水质的诸多指标中，水的温度、pH值及硬度对面团的影响最大。

1.硬度与面团质量的关系

硬度是将水中溶解的钙、镁离子的量换算成相应的碳酸钙的量，用mg/kg来表示，是水质标准的重要指标之一。我国水硬度的标准是：在100mL水中含有1mg氧化钙为1度。氧化镁的量应换算成氧化钙，换算公式如下：1mg氧化钙=0.74mg氧化镁。

水的硬度对面团的影响较大，水中的矿物质一方面可提供酵母营养，另一方面可增强面团的韧性。但矿物质过量的硬水，导致面筋韧性太强，反而会抑制发酵产气，与添加过多的面团改良剂现象相似。

若水的硬度过大，可先除去一部分钙离子，或者使用延长发酵时间的方法来弥补其对面团的影响。若水的硬度过小，可采用添加矿物盐的方法来补充金属离子。

2.水的pH值与面团质量的关系

pH值是水质的一项重要指标，它与馒头的质量有十分密切的关系。pH值较低，酸性条件下会导致面筋蛋白质和淀粉的分解，从而导致面团加工性能的降低；pH值过高则不利于面团的发酵。

水的pH值大小对馒头生产有着十分重要的影响。水的pH值适中，和面后面团不需特意调节pH值就能达到生产要求，给生产带来极大的方便。为节省库存开支，工厂生产一般是用新面粉为原料进行馒头的生产，而一般新面粉的pH值不低于6.0，因而控制水的pH值也能较好地调节面团的pH值，优化生产工艺。水的pH值为7~8时馒头的质量最优，这与工艺研究中面团的pH值对馒头质量的影响相对应。实际应用中，不同的面粉有着不同的水的pH值要求，故而行之有效的方法是控制好面团的pH值。

3.水温与面团质量的关系

水的温度与面团的发酵息息相关，是不可忽略的重要因素。我国由于地域广阔，各地的温差很大，这也导致了水温的不同，即便是同一地区，由于四季的更替，水的温度亦有很大的差别。因而在调制面团时要考虑这些因素。考虑到酵母的最佳发酵温度在30℃左右，因此一般情况下，夏天和面时，水不需加热就可直接加入进行和面；春秋季节稍稍加热到30℃就可；冬天，水最好是加热到40℃左右为佳。但无论何时，建议水温不要超过50℃，以免造成酵母的死亡。

三、蔬菜粉

蔬菜粉是由蔬菜原料先干燥脱水，再进一步粉碎或先打浆均匀后再进行喷雾干燥而成的粉末状蔬菜颗粒。蔬菜粉是脱水菜的延伸产品，涵盖胡萝卜粉、西红柿粉、甘薯粉、南瓜粉、红甜菜粉、菠菜粉、芹菜粉、山药粉等蔬菜类别。蔬菜粉还是一种纯天然的着色剂（胡萝卜粉、西红柿粉、菠菜粉、红甜菜粉、芹菜粉、南瓜粉等），是加工蔬菜面包、蔬菜面条、特色食品等的绝佳原辅料。

四、食用盐

在主食生产中，食盐是最常用的添加剂，其主要成分是氯化钠。食盐添加量

27

根据生产季节的不同掌握在0.1%～0.5%之间。过量使用会使主食在潮湿环境下吸潮。

添加方式：一般配成溶液加入，也可以在搅拌时以固体形态加入。

五、食用油

食用油也称为"食油"，是指在制作食品过程中使用的油脂，常温下为液态。由于原料来源、加工工艺以及品质等原因，常见的食用油多为植物油脂，包括菜籽油、花生油、玉米油、大豆油等。在烹调过程中，用油脂作为传热媒介的应用很广，由于油脂的沸点高，加热后能加快烹调速度，缩短食物的烹调时间，使原料保持鲜嫩。在加工过程中，由于脂肪渗透至原料的组织内部，不仅改善了产品的风味，并且补充了某些低脂肪产品的营养成分，从而提高了产品的热量，即营养价值。

第三节 食品添加剂

根据《中华人民共和国食品安全法》的规定，食品添加剂是为改善食品品质和色、香、味、形以及为防腐和加工工艺的需要而加入食品中的化学合成物质或天然物质。对于食品，虽然要讲究色、香、味、形和组织结构，但首先要求的是安全和营养价值。作为食品添加剂，最重要的是使用上的安全性，其次才是工艺功效。

在生产中，为了提高和改善品质，便于加工，延长保存期，加入一些食品添加剂是必要的，食品添加剂种类繁多，他们的应用都有一定的条件，包括原料性质和添加剂本身的性质、添加的比例及方式。因此，在确定使用前，必须进行认真细致的试验。

一、抗淀粉老化剂

对淀粉老化国内外有较多的研究。许多学者试图以不同角度解决淀粉老化问题，包括物理方法，如温度控制；化学方法，如酸度控制；生物方法，如酶法等。这些方法都存在局限性，往往只适用于某一新产品。蒸煮、挤压、复蒸工艺结合抗淀粉老化剂的使用可以使得完全糊化后的淀粉在产品保质期内不发生变劣的老化现象。

常用的抗淀粉老化剂有谷朊粉、蔗糖酯、山梨醇、磷酸三钠等。

二、乳化剂

在加工过程中常添加乳化剂，其中蒸馏单硬脂酸甘油酯是一种常用的乳化剂，它不溶于水，但与热水强烈振荡混合时可分散在水中，为微黄色蜡状固体。常温时一般以β态晶体存在，这种构型难变为活化态（α态），不易与淀粉、蛋白质作用，在水中加热到一定程度后，会由β态转变为α态，就极易与淀粉、蛋白质作用达到改善食品品质的目的。

添加方式：用冷水浸透后加热至糊状，搅拌时加入。添加量在0.3%～0.6%之间，过量则会使米粉条变黄，筋力差。

三、增稠剂

在加工添加增稠剂是为了起到稳定产品形态、改善产品质量的作用，常见的增稠剂有海藻酸钠、羧甲基纤维素钠、瓜尔豆胶等，对面粉团起到良好的增稠和软胶化的作用。

四、水分保持剂

水分保持剂指在食品加工过程中，加入后可以提高产品的稳定性，保持食品内部持水性，改善食品的形态、风味、色泽等的一类物质。

在主食生产工业中，常用硬脂酰-2-乳酸钙等来改善生面团的混合性能和增大主食产品体积，也可用水胶态树胶来改善生面团的持水容量和改善生面团及焙烤产品的其他性质。鹿角藻胶、羧甲基纤维素、角豆胶和甲基纤维素都是发酵工业中较有用的水胶体。已发现甲基纤维素和羧甲基纤维素不仅可阻止主食产品的老化和陈化，而且还能阻止其在贮藏期间水分向产品表面迁移。鹿角藻胶（0.1%）可以软化产品的外层质地，将亲水胶体（例如0.25%羧甲基纤维素）掺入油炸食品混合料中，能明显减少油炸食品的脂肪吸着量。

五、膨松剂

膨松剂指在食品加工中添加于生产焙烤食品的主要原料中，并在加工过程中受热分解，产生气体，使面坯起发，形成致密多孔组织，从而使制品具有膨松、柔软或酥脆的一类物质。《食品添加剂使用卫生标准》（GB2760-2007）规定，碱性膨松剂因安全性较高，可应用于各类食品，但应按生产需要适量添加；含铝的复合膨松剂应限量应用在油炸食品、小麦粉及其制品中，其铝的残留量（干样品，以Al计）应小于或等于100mg/kg。

六、抗氧化剂

抗氧化剂是指能防止或延缓食品氧化，提高食品的稳定性和延长贮存期的食品添加剂。抗氧化剂的正确使用不仅可以延长食品的贮存期、货架期，给生产者、消费者带来良好的经济效益，还能给消费者带来更好的食品安全。

　　充分了解抗氧化剂的性能；正确掌握抗氧化剂的添加时机和抗氧化剂及增效剂、稳定剂的复配使用；选择合适的添加量；控制影响抗氧化剂作用效果的因素是我们应该注意的关键问题。

第五章 主食加工工艺与技术

第一节 挂面加工

首先在面粉中加入一定量的水和添加剂，通过搅拌得到具有一定弹性、塑性、延伸性的面团。将该面团通过多道轧辊得到薄厚均匀的面片，再通过一对互相啮合的齿辊切刀，使之成为面条并自动悬挂在面杆上。然后通过隧道式或索道式烘房脱水至安全水分。最后切断包装即得到产品。

一、挂面生产工艺流程

原料→计量→和面→压片→切条→上架→干燥→下架→切断→计量包装→成品

二、挂面生产工艺要点

（一）和面

将面粉放入和面机内，开动机器边搅拌边加水，加辅料如添加剂等。加辅料和加水时间应小于2min。面团水分要求控制在29%～32%。和面时间5～7min。和好的面坯要求呈豆腐渣状的松散颗粒，干湿均匀，色泽一致，面和好后放入存料盘。

（二）制片、切条

熟化面坯经初压辊压成两片面片，再经过五道压辊逐步压薄到所需厚度，进入切条机切条。面片减薄量与压辊线速度是互相适应的，生产时应按每对轧辊前后间面片不拉伸不堆积，不裂不毛，厚薄均匀，切出的面条不曲不连的要求调整每对轧辊的轧距，否则会出现断片或重叠片，影响面条质量。

（三）上架

面片经切条成型后，由面杆挑起，经过断条刀按一定长度切断，送到架子上，进入烘干系统。

（四）干燥

干燥是保证面产品质量的重要环节。在适当的温度、相对湿度和通风等因素的互相作用下，去除湿面条中的水分，使面条不酥、不裂，达到国家规定的质量标准。

（五）下杆、切头、切断

烘干后的面条送到切头机上切头，最后输送到工作台上计量、包装。

三、营养强化挂面

这类挂面是采用添加强化营养剂和营养辅料加工而成的，也叫风味挂面。按添加剂物质不同，又分为两种类型，即添加营养剂的挂面和添加营养辅料的挂面。

（一）添加营养剂的挂面

1.添加赖氨酸、核黄酸、复合氨基酸、味精、维生素C、维生素D、维生素E及钙粉等一类的挂面

主要针对一些地区、一些儿童由于氨基酸、维生素或钙等缺乏症和为了强化摄入食物的营养成分而在挂面中实行微量添加，以粉剂或溶于水后加入小麦粉搅拌均匀，在加工工艺中基本上没有特殊要求，但要注意如下问题。

（1）营养剂原料质量必须符合国家或行业的现行执行标准，并有有关主管部门（卫生部门、工商部门等）的生产许可证及准予出厂证明，否则不准添加使用。

（2）必须经当地卫生部门的批准且经医疗卫生部门及专家的指导进行生产，添加量必须保

图5-1 营养强化挂面

证配方要求，不得偷工减料，但也必须注意不是越多越好，避免加大成本和出现副作用。

（3）计算好挂面条长度，减少干面条回头率。

（4）营养剂的购入数量要符合生产计划的安排，以利营养剂在保质期内使用，严禁使用超过保质期的营养剂。

（5）添加营养剂的挂面一般应限于制作细条挂面。因为普通粗条挂面由于煮沸时间长，会使营养剂流失或失效。

2.添加褐藻酸钠的挂面

褐藻酸钠又叫海带胶，主要是从褐藻类植物——海带中加碱提取，经加工制粉而成的一种多糖类碳水化合物，这是一种人体不可或缺的膳食纤维。褐藻酸钠具有独特的营养，可降低胆固醇、增强营养物质的消化与吸收。褐藻酸钠有可预防结肠癌、心脑血管疾病、糖尿病和肥胖症以及抑制放射性元素在体内的积累

等辅助疗效作用，是增进人体健康的一种独特的食品添加剂。由于褐藻酸钠亲水性强，易与蛋白质、淀粉、明胶等物质共溶，具有形成纤维及薄膜的能力，具有增黏性、胶化性和组织改良型等性能，可使得挂面筋力强、韧性高、耐泡、不断条、口感细腻、柔滑。在加工褐藻酸钠挂面时，要先配制褐藻酸钠溶液。一般在装有搅拌器的不锈钢容器内，先加入30～40℃的温水，一边搅拌，一边按与水的比例0.1%～0.3%徐徐均匀地加入褐藻酸钠，经0.5h左右褐藻酸钠即溶解，如还有颗粒存在还需继续搅拌，直至胶化均匀一致呈蛋清状即可使用。配制褐藻酸钠溶液要注意水温不宜过高，否则将造成黏度下降，配制好的褐藻酸钠要及时使用，不要放置过久或剩余，以防变质和黏度下降。

3.儿童营养挂面

儿童营养挂面是在小麦粉中添加儿童成长时期所需要的多重营养物质，如蛋白质和各种必需氨基酸、维生素和矿物质。宝宝龙须面就是儿童营养挂面中的优质产品。

4.中老年营养挂面

添加抗老年衰老的营养素，如蛋白质、氨基酸、钙等营养挂面。

（二）添加营养辅料的挂面

主要有魔芋、茯苓、鸡蛋（蛋粉）、海带粉、西红柿酱（粉）和蔬菜等。由于添加营养辅料的物理状态不同，添加剂有差别，在制作工艺上亦有一些差别。

1.魔芋挂面

（1）魔芋挂面的特点 魔芋是以其根茎加工制粉的，黏性强，含有丰富的碳水化合物和各种营养元素，属于低热食品。魔芋含有一种很多植物没有的特殊成分——葡甘露聚糖和凝胶，是不可多得的保健食品。魔芋挂面就是在小麦粉中添加0.6%～1%的魔芋精粉溶液混合搅拌加工制成的，具有魔芋的保健作用，是消化道、心血管系统疾病、糖尿病及肿瘤病人的保健食疗食品。由于魔芋含有凝胶，在挂面加工过程中产生凝胶作用，可增加挂面的筋力，改善挂面的品质，煮熟不浑汤，不断条，口感细滑，煮熟的面条放置数小时后在水中仍保持原状，回锅口味不变。

（2）魔芋挂面生产工艺 ①符合国家标准要求的魔芋原料，放入干净的容器中（不能使用铁制容器），用洁净的、酸碱适中（即pH值呈中性）的水，水温在40～60℃，按添加比例配合溶化，在溶化过程中应搅拌均匀，使其充分膨胀，泡制溶化的时间为2～4h。待充分吸水膨胀后再倒入和面机中和面。②和面 水温15～20℃，和面机转速50～60r/min，混合时间15min，使其与小麦粉均匀混合。一般在此条件下才能搅拌均匀充分膨润，和面质量比较理想。③延压 原料自和面机出来后，首先同时通过两台直径相同的粗整机，所出的两片粗制面带合着后通过复合机，压出厚度约10mm的厚面带，在10℃放置40min进行熟化或在25℃下放置15min，使水分的分布与面筋的形成较平均。④切条　可根据需要，由切面机切成圆形、扁形、方形。⑤干燥　由生面条（水分约35%）干燥成干面条（水分14%～15%），在室内或室外均可干燥，干燥时要求表面蒸发速度与内部扩散速度相平衡。可分为三个阶段。第一阶段是水分由35%减少至约25%，此时水分较多，易起发酵作用，要求通风良好，加速干燥，最好不超过2h。温度以25℃，相对湿度为75%左右为宜。第二阶段是水分由25%减至20%，温度40℃、相对湿度80%，均较前一阶段更高，使内外的干燥状态平衡，则断条率较少。第三阶段是水分由20%减至15%，即可在常温条件下干燥。⑥切断，包装　可切成一定长度，采用聚乙烯袋包装。

2.海带挂面

在挂面制作过程中，在和面工序添加海带粉与小麦粉混合搅拌后压制成条。海带粉中含碘24mg/100g，另外还含有钙、磷、钾、铁等。据有关专家指出海带还有抑制癌症发生的作用，因此将海带粉加入小麦粉中制成挂面，深受广大消费者的欢迎。制作海带挂面应注意以下问题：一是添加量应控制在3%以内。二是加工规格应以细条挂面或较细的普通挂面为主，防止海带粉中的微量元素因面条粗、煮沸时间长而溶入汤中，影响食用价值。

3.鸡蛋挂面

在制作挂面过程中加入新鲜鸡蛋制成的面条，不仅含有鸡蛋的营养，而且由于鸡蛋蛋白质的作用，鸡蛋挂面在食用中耐煮不断条，不浑汤，口感筋道。在加工中需要注意以下几个问题。

（1）由于鸡蛋辅料的特殊性，在加工中特别要注意卫生，尤其在夏秋季节更要注意，要将鸡蛋洗净，去皮后加入小麦粉中搅拌均匀，添加量为小麦粉重量的5%～10%。

（2）也可以添加蛋清粉和蛋黄粉，在和面工序搅拌中便于操作，添加量为1%～2%，风味与加鲜鸡蛋基本相同，挂面口感不如鲜鸡蛋好。

（3）鸡蛋挂面最好加工成细条挂面。

（4）鸡蛋挂面的干碎面尽量减少，并单独存放。

（5）鲜鸡蛋的添加量不宜过多，避免在干燥以后出现鸡蛋的腥味。

4.蔬菜挂面

将蔬菜洗净制成菜浆，添加到小麦粉中，在和面工序中一起搅拌均匀，压制成的面条颜色与添加的蔬菜浆的颜色相似，只是淡一些，如西红柿挂面呈粉红色，胡萝卜挂面呈橘黄色，绿色蔬菜的挂面呈淡绿色等。较为常见的蔬菜挂面有番茄挂面、胡萝卜挂面及混合蔬菜挂面等。在加工中需要注意如下问题：

（1）根据添加蔬菜形态的不同，添加的比例与方法也不同。以酱菜或菜汁的形态添加时，一定要注意减少加水比例；蔬菜以菜粉的形态添加得比较少，原因是蔬菜制粉不能保证原汁原味，而且成本也高。

（2）如果以酱菜的形式添加一般都是购入成品，因此要把好购入酱菜的质量关，这样才能保证蔬菜挂面的产品质量，保证蔬菜的风味。

（3）菜汁添加一般都是自己加工。购入的蔬菜要新鲜，购入后及时洗净、切碎、磨浆，去掉残渣，及时按比例加入小麦粉混合制成挂面，有条件的厂家可将洗净的鲜菜用80~90℃的水浸泡并迅速去除水分，可保持绿色蔬菜的鲜绿颜色。

（4）添加量要掌握适度；要保证产品的质量和产品的风味；要考虑产品成本核算；要符合加工工艺要求。如番茄挂面，番茄酱加少了，名不副实，加多了成本下不来，一般以3%~5%为宜。蔬菜汁的添加量除以上因素外，还要注意和面工序的加水量，否则将影响压延工序和挂面烘干工序，蔬菜汁的添加量以最高不超过20%为宜。

（5）注意定好挂条尺寸，减少干面回头率，避免损失。

（6）蔬菜挂面加工规格宽细皆宜。

5.茯苓挂面

茯苓是一种寄生在松树上的菌类植物，有利尿、补脾健胃的功效。茯苓挂面就是小麦粉中添加2%的茯苓制成的挂面，是理想的健胃食品。

6.水果挂面

水果与蔬菜一样，含有人体所需的维生素，而且含量丰富，由椰子、香蕉、蜜橘、草莓、苹果等水果制浆而成，其水果的颜色、香味和营养尽在其中，不仅风味独特，而且是天然的保健食品。

7.牛奶挂面

在小麦粉中添加20%的牛奶或添加2%~3%的奶粉，混合制成牛奶细条挂面，是老年人和儿童的理想挂面。

四、挂面加工常见问题及解决方法

（一）由于控制不当出现食品添加剂超标现象

挂面加工企业在生产过程中，使用食品添加剂必须符合《食品添加剂使用卫生标准》（GB2760）标准规定，以免造成食品添加剂超范围使用和超量使用。企业要加强对采购原辅料的控制，防止由于原辅料问题影响到产品的质量。

（二）干燥过程中各技术参数控制不当出现挂面酥断现象

挂面烘干的目的有两个，一是去除湿面条中的水分，二是要保证挂面的食用品质和烹调性能。必须在保持一定的相对湿度条件下，对面条进行分阶段加热，并严格控制烘房的温度、湿度和面条的干燥时间，使面条中的水分由里及表地逐步向外扩散蒸发。否则就会直接影响挂面的质量品质和烹调性能。

（三）自然晾晒和包装过程不当影响挂面卫生

自然晾晒和包装过程对人员、场地环境等未采取有效措施造成交叉污染，影响挂面的卫生。

第二节　馒头加工

一、配料与和面

和面又称为面团调制、调粉、搅拌、捏合，就是将面粉、水和面头或酵母混合制成可塑性面团的过程，是馒头生产中最关键的工序之一。和面要求原料和引子必须混合均匀，面种或酵母的添加量必须适量，而且面粉中的蛋白质和淀粉吸水要充分。

图5-2　和面

（一）面团调制的目的

一是使各种原料充分分散和均匀混合，形成质量均一的整体。二是加速面粉吸水胀润形成面筋的速度。三是扩展面筋，促进面筋网络的形成，使面团具有良好的弹性和韧性，改善面团的加工性能。四是拌入空气有利于面团发酵。

（二）发酵的工艺条件和成熟标准

1.发酵工艺参数

发酵的温度应控制在26～33℃之间，相对湿度70%～80%，发酵时间根据采用的生产方法以及实际情况而定。一般在发酵室内控制温度、湿度的条件下完成，在没有发酵室的情况，面团可放于容器中，放在温暖的地方发酵，发酵过程应盖上盖子或者在面团上盖上棉布保温，注意棉布不宜过湿，防止粘上面筋而难以清除。

2.发酵成熟的判断

当发酵恰到好处时，面团膨松胀发，软硬适当，具有弹性，气味正常。用手抚摸，质地柔软光滑；用手按面，一按一鼓，按下的坑能慢慢鼓起，俗称不起"窝子"；用手拉伸，带有伸缩性，揪断连丝，俗称"筋丝"；用手扣敲，嘭嘭作响；切开面团，内有很多小而均匀的空洞，和豆粒大小一般，俗称"蜂窝眼"；用鼻子嗅闻，酸味不呛，酒香气味；用肉眼观察色泽纯净滋润。当发得不足时，即面团没发起，既不胀发，也不松软，用手抚摸，没有弹性，带有硬性；用手按面，按坑不能鼓起；切开内无空洞。这种情况是不能制作成品的，要延长时间继续发酵。发得过度的，即面团发酵大了，一般叫作"老"了，这种面团非常软塌，严重的成为糊状，按不鼓起；抓无筋丝，即无筋骨劲，严重的像豆腐渣那样散；酸味强烈。这种面不但不能用来制作成品，也不能作面肥用，必须加面重新揉和，重新发酵。研究表明当面团pH值达3.5～3.6时，酵母已达零增长，发酵阶段已经结束。用测定面团的pH值可以较快而准确地检查面团的发酵程度，从而避免发酵不足或过头。测定面团pH值的方法很简单，即取10g面团样品，加入100mL蒸馏水，在组织捣碎机中捣成匀浆，离心后用pH值计或pH试纸测定其上清液的pH值。

二、成型与整形

（一）馒头机成型

主食馒头在工厂实际生产中的大批量制作，一般都采用馒头机成型。

馒头机，又称馒头成型机，是通过机械运动将发酵过、调制好的面团加工成圆球形生坯的机械设备。在成型过程中，设备对面团有搅拌、揉捏、挤出、切割等作用。

图5-3　成型馒头

目前国内的馒头机主要特点是结构紧凑、操作方便，馒头大小可在一定范围内进行调节、计量准确、制作的馒头大小均匀、相对误差较小、造价低，但相对国外类似产品，质量还有一定差距。

现在工厂中应用的馒头机主要有卧式双轨螺旋式馒头成型机，也有少数厂家使用盘式馒头成型机。

（二）揉面与手工成型

手工成型前面团必须经过揉面过程，以保证面团中的气体排出，组织细密，产品洁白。传统的方法是将面团放于案板上人工按压和翻折，劳动强度十分大。现今工厂多采用揉面机揉面。揉面的作用主要有如下几点。

（1）使物料进一步混合，分散均匀。

（2）促进物料之间的相互作用。

（3）排除发酵产生的二氧化碳气体。

（4）使面筋网络充分扩展。

（5）使面团组织结构变得紧密细腻。

（6）使产品表面光滑洁白。

（三）整形

如前所述，各种馒头机都有其缺点，而馒头机是已经商品化的东西，对其进行改装以改善其性能需要大量的成本和时间。馒头机使馒头生坯有了一个较为固定的形状和较为美观的外表，但是此时的生坯或有节疤，或形状不一，因而对馒头生坯的整形显得十分必要。

三、面坯醒发

醒发又称为饧发、饧面。醒发是面团的最后一次发酵，在控制温度和湿度的条件下，使经整形后的面团达到应有的体积和形状。它是馒头生产中至关重要的一步，其操作的成败直接影响产品的终端品质。

（一）醒发目的

由于醒发实际上是发酵过程，该过程的基本原理和作用与面团发酵基本相同。醒发的目的主要有以下几点。

1.恢复柔韧性

面团经压片或成型后，处于紧张状态，僵硬而缺乏延伸性。醒发时可使面团的紧张状态得到恢复，使面坯变得柔软有利于其膨胀。

2.面筋网络扩展

在醒发过程，面筋进一步结合，网络充分扩展，增强其延伸性和持气性以利于体积的保持。当然也可能因发酵作用使面筋水解或破坏。

3.面团发酵

馒头的生产可采用主面团发酵法和主面团不发酵直接成型醒发的工艺。无论主面团发酵与否，醒发过程的发酵都是不容忽视的。发酵过程酵母菌大量生长繁殖，发生一系列的生物化学反应，面团的pH值变低，产生风味物质。

4.使产品组织疏松

酵母发酵产气使馒头坯内部产生多孔结构，膨胀达到所要求的体积，而且改善馒头的内部结构，使其疏松多孔，暄软可口，外观丰满洁白。

（二）醒发条件控制

醒发操作是将馒头坯放于蒸盘上随蒸车送入醒发室。醒发的条件及其控制如下（主要针对工业化馒头的生产进行论述）。

1.温度

醒发的温度取决于多种条件，但主要是根据酵母发酵的温度来确定。一般说来，酵母的最适生存温度为30℃，但由于酵母在38℃时产气能力最强，为了防止醒发时间过长而使坯软塌，一般采用这个产气最快的38~40℃作为醒发温度。温度过低，酵母产气能力差，醒发慢，延长了生产周期，且使产品不够挺立；醒发温度过高，发酵过于剧烈，可能会造成馒头表面有裂纹，而且醒发时间过短，设备的运作没有足够的缓冲时间，容易出现醒发过度的情况。若温度超过55℃，酵母死亡，不能达到醒发的目的。

当进入醒发间后，可以通过预先放置的温度计来了解醒发间的温度。若温度过低，通常可打开暖气片阀门，使室内温度升高到所需温度；若温度过高的话，面坯要暂缓进入醒发间，通过关闭暖气片阀门和减少蒸汽进入量的方法降低温度后，再进行醒发，以免造成醒发过于剧烈，使得产生的气体冲破面坯表皮，甚至出现烫死面的现象。

2.相对湿度

湿度是馒头醒发工艺中最关键的参数。工业生产中，湿度的大小是通过调节加湿管喷汽量来控制的。一般是慢慢增加蒸汽量，达到所需湿度后固定阀门，并在醒发过程中实时监控，发现湿度下降，立刻加大喷汽量。当然，如果湿度过大的话，只需关小喷汽阀，若仍降不下来，可打开醒发间的门，让部分蒸汽外泄。

3.醒发时间

醒发时间对产品的质量影响是十分巨大的，应视具体的产品和生产工艺而定。通常情况，采用二次发酵工艺醒发的时间可以稍短，而采用一次发酵工艺的醒发时间相对来说要稍长，一般控制在50~80min为宜。若在此时间范围内不能达到醒发的要求，可通过调节酵母加入量、面团温度和加水量等措施来解决。

（三）醒发适宜程度及判断

面团醒发的适宜程度一般是根据操作员的经验来判断。醒发程度应视不同的产品、工艺而定。总体原则是：面团软可醒发重一些，面团硬醒发轻一些；面筋强醒发时间长，弱筋力面团醒发轻。具体的醒发程度要在生产实践中慢慢摸索决定。

醒发适宜程度还可以根据面坯的外观特性来判断。以北方馒头为例，面坯醒发适中时，面坯仍比较挺立，但开始横向扩大，外表光滑平整，面团表面稍透明，手摸柔软有一定弹性，不跑气，不粘手。

四、蒸制

汽蒸是馒头加工的熟制工序。加热方式的不同使得馒头不同于面包，并有馒头特有的风味和营养。在蒸制过程中，产品发生了一系列的物理、化学及生物变化。

（一）蒸制过程中的温度变化

蒸制过程中，中心温度上升较慢，周边温度上升较快，其中以最近馒头坯表面起始温度最高，升温最快。在蒸制一定时间后，馒头各部分的温度都达到了近100℃。从蒸制开始到蒸制结束，馒头的任何一层温度都不超过101℃。馒头蒸制一般都在蒸锅（蒸柜）内进行。为了加速对流运动，蒸锅（蒸柜）的锅盖上或柜的上下面都设有排气孔。

（二）馒头蒸制过程体积增长

馒头的体积在蒸制过程中基本上也呈上升趋势。馒头开始蒸制后，体积显著增长，随着温度的增高，馒头体积的增长速度减慢，馒头体积的这种变化与它产生的物理、微生物学和胶体化学过程有关。在定型后，馒头的体积增长较缓慢。

（三）馒头蒸制过程中pH值的变化

pH值在蒸制的后期下降的幅度较迟缓。在蒸制中间，pH值稍有上升，可能是发生了酸醇反应，中和了部分酸的原因。而此段时间从感官上来说有酯类香味产生，从而印证了这一点。在蒸制的最后阶段，还原糖被氧化而生成酸，以及其他的产酸反应（如酶促反应）的发生使得在无产酸菌作用的情况下pH值又有了下降的趋势。

（四）结构的变化

蒸制中面坯形成了气孔结构，除了受蒸制工艺的影响外，前面的工序如发酵、醒发都对馒头最后的结构产生一定的影响。

在蒸制过程中，气孔的最初形成是由面坯中的小气泡开始的，气泡受热膨胀。并由此产生外扩的作用力，压迫气孔壁，并使其变薄。

随着蒸制的进一步进行，蛋白质变性凝固，气体膨胀也达到了限度，这时产品的内部结构已经形成。

（五）风味的形成

蒸制过程中，产品的风味逐渐形成。馒头除了保留了原料的特有风味外，由于发酵作用，还产生了其他的风味。其中最主要的是醇和酯的香味。醇和酯主要产生于发酵过程中，在蒸制过程中挥发出，形成了诱人的香气。另外，淀粉水解形成甜味，有机酸与碱在高温下形成的有机酸盐，比如乳酸钠、脂肪酸钠等对风味也有所贡献。

五、冷却和包装

（一）冷却

为了便于大规模生产和大范围销售，馒头必须冷却，然后包装。馒头若没有适当的冷却，包装后由于温度高，产生水蒸气冷凝而成水滴，附在包装袋和馒头表面，会使馒头表皮泛白，易于腐败。一般馒头冷却至50～60℃时包装最为理想，这样既不会将多余的水蒸气蒸发掉而损失馒头内部水分，也能保持产品仍然柔软且不会因高温而造成包装袋内结露水。确定馒头要损失多少水最为理想是非常困难的，因为这必须视产品包装和存放情况来决定。

一般馒头工厂都缺少冷却设备，让其自然冷却。但由于季节的变动，大气的温度及湿度皆会发生变化，所以应根据经验加以调整。一般保温销售的产品或前店后厂的热食销售则稍加冷却即可，甚至不冷却也可。

（二）包装

1.产品包装的目的

当馒头中心部位冷却到50～60℃时，应立即进行包装。若继续长时间暴露于空气中，馒头极易老化，感染霉菌，水分损失太大，影响风味。

（1）延迟产品老化　淀粉老化后的馒头坚硬干燥，芯子无弹性，这样既影响风味又降低了人体的消化吸收率。老化现象是馒头储藏中的必然趋势，但包装后的产品可以延缓其老化作用，其原因是馒头在处于相对恒湿的状态下保存，不易失水，并延缓了淀粉胶体的水相分离作用。胶体失水亦是老化的重要原因。

（2）防止污染馒头　作为直接食用的食品，要求清洁卫生，防止在储藏、运输、销售过程中受脏物和菌类污染；馒头表皮水分一般在50%左右，如果温湿度适宜，又有微生物污染，将是极易腐败变质的食品。如果不妥善包装，就无法避免腐败现象。包装后的成品可防止在与空气、容器、手接触时产生感染，延长保存期。实验证明，如果在配方中应用防腐剂，又能使用性能较好的包装材料，在温度32～35℃条件下可以储藏两天之久。同时，包装袋隔离了产品与异味的接触，保持了原有产品的风味。

（3）防止破损　馒头在储藏、运输和销售中不仅有污染的可能，而且还有破损残缺的弊病，特别是质地比较柔软或表面喷涂浆体的产品更易发生。用薄膜包装馒头，可避免相互间粘连后拿开时破皮，也能起到减震的作用，防止碰撞、挤压破坏其外观的完整性。

（4）美化商品，提高价值　包装后的产品，因包装上的图案新颖和色彩艳丽而十分醒目，使商品美化，提高产品等级。包装还应将产品的制造商和商标加以注明，使消费者放心，也可在包装上对营养特点进行宣传。可以说包装也是广告的一种形式，使产品易于被接受。

2.对包装材料的要求

合格的食品包装应符合以下几方面的要求。

（1）对食品有良好保护性，包括化学保护、物理保护、微生物保护、机械保护等。

（2）方便食品的储存、运输、展示、销售。

（3）方便消费者的食用。

（4）有符合消费者要求的精美的包装装潢，有科学的、醒目的产品介绍和使用说明。

（5）要求包装材料的成本低廉，易于着色和印刷。

（6）包装材料无毒性，干净卫生，不会对食品造成化学或风味污染。

馒头所用的包装材料很多，有硝酸纤维素薄膜、聚乙烯、聚丙烯等。

六、速冻馒头

图5-4　速冻馒头

近年来国内外面包速冻面团正流行连锁店经营方式，冷冻面坯法得到了很大的发展，该方法也是馒头的一个发展趋势。由较大的馒头厂（公司）或中心将已经搅拌、发酵、整形后的面团快速冻结后在冷库中冷藏，然后将冷冻面团销往各连锁店（包括超市、宾馆饭店、馒头零售店等）的冰箱储存起来。用户需稍加醒发后，进行蒸制。连锁店产品可随时出售新鲜馒头，而且各店之间的产品质量容易保持一致。

（一）速冻馒头生坯生产工艺过程

1.馒头坯加工

原料预处理→调制面团→发酵→成型→醒发→馒头生坯

2.速冻工艺

馒头生坯→冷却→急速冷冻→包装→冷藏→配送

3.食用前处理

冷冻面坯→解冻醒发→蒸制馒头

（二）馒头坯制作

1.配料要求

面粉面筋伸展性好，破损淀粉少，酶活性低，吸水强利于面团的柔性和强度且减少在冷冻储藏过程中的生物化学变化。为了得到适合于速冻的面团性质，可在配料中添加奶粉、植物蛋白、油脂、乳化剂、蔗糖等辅助原料来改善面团的性状。选用耐冻性好的酵母，如鲜酵母3.5%～5.5%，活性干酵母1.5%～2.5%。加水量较普通馒头稍多，使面团比较柔软。

2.面团调制

乳化剂和蔗糖经过处理使其溶解，酵母用温水活化15～30min。一次将所有原辅料加入和面机，一直搅拌到面筋完全扩展为止。调节水温，使面团温度在18～24℃较为理想。

3.面团发酵

发酵温度保持在20～25℃，低温能使面团冻结前尽可能降低酵母活性，还有利于成型。发酵时间一般30min左右。短时间发酵既能保证冻结期间酵母损害少，又增加了柔韧性。

4.成型

面团黏性较低时可以用馒头机或刀切馒头机成型，若面团较黏，可将面团揉压后卷成条刀切。速冻馒头坯个体小，有利于速冻和解冻，一般控制坯质量在80g以下。成型后排放于传热效果好的金属盘上。

5.醒发

经过成型后，面团变得紧张僵硬，馒头坯组织紧密，可能会使解冻后的醒发困难。因此在急速冷冻前需要适度醒发，使面团柔软。温度控制在30～35℃，时间15～20min，以恢复柔软为度。

（三）速冻与储存

1.冷却

为了减少低温速冻时的耗能和水分损失，若有条件的话，可以先将醒发后的馒头坯进行冷却，特别是在冬春季节，室温较低，无需制冷耗能。保持冷却环境相对湿度在90%以上，温度20℃以下，冷却时间5～l0min为宜（保湿条件下用鼓风的形式使空气对流效果更好），防止在冷却过程中馒头继续醒发而使坯膨胀过度。

2.急速冷冻

面团机械吹风冻结工艺条件为-40～-34℃，以16.8～19.6m³/min流速让空气对流。对于50～75g面块经30～40min机械吹风冻结后，面块中心温度为-25～-20℃。

3.包装

将速冻后的馒头坯整齐地排放于包装袋中，封口包装。对于高档造型细致的馒头，需要将馒头坯排放在塑料托垫上再装入袋中，以防止在装箱、搬运等过程中破坏其外形。

4.储存

冷冻面团储存温度选择-23～-18℃为好。通常考虑储存期最长为6周～12周。储存12周以后，面团变质相当快。

（四）食用前处理

1.解冻

面团解冻应该排放于蒸盘上，按照以下条件进行处理。

（1）从冷冻间取出冷冻面团，在4℃的冷藏间内放置10～15h，使面团解冻。然后将解冻的面团放在32～38℃，相对湿度65%～75%的醒发室里，醒发时间大约需30～50min。

（2）从冷冻间直接取出面团，在25～30℃、相对湿度60%～70%的醒发箱内醒发。在这种条件下，醒发时间需90～120min。

由于醒发湿度不高，在家庭条件下比较容易完成。一般醒发完毕即可蒸制。

2.蒸制

按照普通馒头的蒸制方法进行熟制，但在醒发不足时，可以在蒸制容器内加热醒发后再蒸制。

七、速冻蒸制面食成品

蒸制面食加工后再进行急速冷冻，可储存较长时间，适当加热即可食用且生产条件容易控制，储运方便，食用前处理也简单，因此目前许多馒头厂生产此类速冻产品。

（一）加工过程

1.馒头生产

原料选择与处理→面团调制→揉面→成型醒发→气蒸冷却→速冻包装→冷冻保藏

2.食用前处理

速冻蒸制面食→排放→气蒸或其他方法加热

（二）加工技术要求

1.原料选择

酵母和工艺用水与普通蒸制食品要求相同。需要灰分低、面筋强度中等、新鲜优质的小麦面粉加工速冻馒头成品。为了生产出特色制品并防止复蒸时出现问题，需要添加适当的辅料和添加剂，比如食用碱、面团改良剂、油脂、蛋白原料等。

2.生产关键技术

速冻馒头的加工要遵循普通蒸制面食生产的基本原则。由于冷冻储存后复蒸时更易出现萎缩、起泡和变色等问题，需要特别注意面团调制和蒸制工艺技术。

（1）调制面团　生产速冻馒头时，和成的面团必须达到面筋完全扩展，但又未出现弱化的最佳状态。一般要求用剪切力小的和面机有效搅拌10～20min，视面粉筋力和搅拌设备情况确定具体和面时间。适当加碱，调节面团pH值在6.5～7.0之间，增加面团的延伸性。

（2）揉面与成型　成型前必须认真揉压面团，使面团结构细腻致密，面筋进一步扩展，以利于制品的胀发，并保证产品组织洁白细密。揉压面团时避免使用扑粉（干面粉），防出蒸制时表面起泡。做形要求挺立饱满，防止醒发后因变形而失去形状效果。

（3）醒发　与蒸制成型后进行适度的醒发，醒发不可过度，以充分膨胀并有一定弹性为准。醒发后在蒸柜中通入直接蒸气蒸制。要求蒸柜密封良好，并且蒸气适当循环，保持微压状态。所得成品应该熟透，中心不黏，但不能气蒸过度。

（4）冷却与速冻　蒸制后，制品冷却至接近室温再进行急速冷冻。冷却时注意保湿，不可有干燥空气对流，防止出现降温过程制品表面失水而发皱。速冻采用机械吹风冻结或超低温热传导冻结均可，冻至中心温度-20℃以下。

（5）包装与冷藏　馒头速冻后，立即装入塑料袋密封包装。在-23～-18℃温度下储存。如果避免温度波动，速冻馒头成品可以存放6个月左右而质量无明显变化。

3.食用前处理

速冻成品食用前处理非常简单，可将冻结的制品直接放于蒸屉上，根据产品个体大小，在较小气体冒出的条件下，气蒸5～15min，使产品中心变软即可食用或销售。速冻馒头也可以在微波炉里加热解冻，一般时间在40～80s即可。

八、夹心馒头（包子）的制作

包子是夹心馒头。中国的包子品种繁多，美不胜收。包子皮主要有两种：半发酵皮和不发酵皮。半发酵皮是将面粉、面种、碱和水混合均匀，发酵一段时间后（比馒头的发酵时间短）再包馅。不发酵皮是将面粉和水和匀后直接包馅。这里主要介绍半发酵面皮包子的制作。

图5-5　包子

（一）包子制作的主要步骤

1.发酵面皮的制作

发酵面皮的制作分掺水、揉面、发酵、吃碱几个步骤。

（1）掺水　面粉掺水的比例一般是2:1，根据面粉的质量、气候情况、配方中是否用糖、油、蛋等而有所增减。掺水的温度根据季节而变化，一般是冬热、夏冷、秋凉。

（2）发酵　制作包子皮的发酵方法与馒头相同，只是发酵时间短些。

2.馅料制作

（1）豆沙馅心　红小豆用水洗净，浸泡一天后入锅煮熟，手搓去壳，获豆沙泥，再用布袋过滤得较干的豆沙。在锅中放入适量的猪油，烧热后加入白砂糖熬匀，加入豆沙泥炒至半干，即可倒出冷却，还可加些其他香精。

（2）鲜肉馅　鲜肉馅有两种，一种是混水肉，即在肉馅中拌入肉皮冻，目的是增加卤汁；另一种是清水肉，即在肉馅中掺清水。混水肉馅做法是，先将鲜肉皮150g放冷水烧沸，用刀刮净杂毛，入锅煮沸，再放入冷水中浸一下，这样可使肉皮酥软，随后再放回锅中，用小火煮烂后捞出，用刀剁细，再放回原汤中，加葱、姜末、料酒，用旺火边烧边搅拌，烧至肉皮成糊状有黏性即可，倒盘冷却切细备用。然后把鲜肉剁成肉酱后倒在缸中，放入酱油、糖、盐、味精、料酒，搅拌至物料吸收液汁均匀，加入少许清水继续拌和，最后把剁细的皮冻末加入拌和即可。

（3）虾肉馅　把250g虾仁剁成酱倒入碗中，加2只蛋清，拌和成泥，再加入生粉和成虾蓉。把猪肉250g切丁，笋125g、叉烧肉75g切成丝，加适量的盐、糖、酱油、味精等，再将虾蓉调和入内即成。

（4）水晶馅　猪油撕去外层薄膜后切成丁，用绵白糖拌和即成。在包馅时，可在馅心里加入少量清水使糖稍溶，蒸熟后猪油丁就显得晶莹雪白，看似水晶。

3.包子成型制作

将发酵面团切分成等量的剂子，按扁，用擀棍擀成薄的圆皮子（中间略厚），左手端皮，右手用拇指、食指和中指捏住皮子边沿，从右至左捏拨，口端的褶纹要捏得长短粗细均匀。包好的包子摆在笼内，旺火足汽上笼，蒸约10min，见包子口上湿润、皮不粘手而有弹性即可。

（二）两种传统包子的制作方法

1.天津"狗不理"包子

"狗不理"包子在天津久负盛名，已有100多年的历史。相传该包子因创始人天津德聚号包子铺店主高贵友的乳名为"狗不理"而得名。"狗不理"包子以优质猪肉，加姜、酱油、汤、香油、鲜味素等特殊馅料，包上外面皮蒸制而成。做出的包子要求不走形、不掉底、不漏油，个个呈菊花状。其特点是：选料精良，皮薄馅大，口味醇香，鲜嫩适口，肥而不腻。

（1）配方　面粉750g，猪肉500g，生姜5g，酱油125g，水422mL，葱63g，香油60g。

（2）制作方法　①猪肉肥瘦按3∶7匹配。将猪肉剁成大小不等的肉丁，拌入适量生姜水和酱油。加入少量水，最后放入味精、香油和葱末拌匀即成馅心。②和面时，面粉与水的比例为2∶1，所用酵种面和碱成正比。一般面粉25kg，冬季用酵种面20kg左右，碱约190g；春秋两季用酵种面10kg，碱135g；夏季用酵种面7.5kg，碱130g左右。和面要充分、均匀，放剂子时要揉出光面，750g水面出剂子40个。③把剂子用面滚匀、滚圆，双手按擀面棍平推平拉，用力均匀，擀成薄厚均匀，大小适当，直径为8.5cm的圆皮。④左手托皮，右手拨入馅15g，掐褶15～20个。收口时要按好，不开口，不拥顶，面子口上没有面疙瘩。⑤包子上蒸笼，旺火气足上蒸，一般用锅炉高热气需4～5min，常用蒸气约10min。如蒸过火，包子易瘪，流油，不好看，不好吃；欠火则发黏、发生。

2.镇江蟹黄汤包

蟹黄汤包是镇江传统名点之一，现以宴春酒楼和京江饭店所制最佳。此包子制作精细，用料严格，成品色、香、味、形俱佳。食时，佐以镇江香醋，其味更美。

（1）配方（制100只用料）　上白粉750g，酵种350g，净猪肋条肉950g，蟹油250g，鲜猪肉皮500g，猪腿骨500g，绵白糖50g，酱油150g，绍酒25g，盐40g，味精0.5g，姜50g，葱100g，葱姜汁水50g，白椒粉1.5g，食碱10g，猪油250g，芝麻油75g。

（2）制作方法　①将鲜猪肉皮拔净毛，铲去肥膘，刮洗干净后与猪腿骨同入沸水略烫，捞出沥水后入锅，加入清水2kg，加入香葱、姜，烧至肉皮烂，取出肉皮用绞肉机绞碎，装入另一锅内，加原汤750g和白胡椒粉0.5g、绍酒25g、酱油50g、绵白糖25g、精盐25g、香葱末，烧沸，撇去浮沫，熬至黏稠，入钵冻结，切条备用。②将猪肉剁成肉蓉，加绵白糖25g、精盐15g、酱油100g、芝麻油25g、白胡椒粉0.5g，拌和均匀。③取钵一只，放入蟹油、熟猪油、味精、芝麻油、白胡椒粉及葱姜汁水，再放入皮汤冻条及肉蓉搅和成馅心。④将面粉650g倒于案板上（留用100g作扑面），中间扒开，加入撕碎的酵种面，然后加入350g温水（30℃左右），再把食碱15g先用冷水溶化倒入其中，用力和面至均匀，揉成表面光滑长条，摘成100个等量的剂子。⑤用少许扑面布于案板上，逐只用手掌揿成中间厚周围薄、直径约5cm的圆形面皮，平放在左手弯曲的四指上，挑入馅心（25g），将边皮捏拢成20~25道花纹，收口如鲫鱼嘴状，放入笼屉中，旺火蒸7~8min，待包口湿润，皮不粘手即成。

成品形态美观悦目，皮薄馅大，蟹油外溢映黄，蟹味浓，肉鲜嫩，汤多味美。

（三）速冻包

1.加工过程

包子速冻产品一般为生坯，食用前需要汽蒸熟制。

（1）速冻包子坯的加工流程　原料预处理→调制面团→发酵→分块擀皮→包馅成型→醒发→冷却→急速冷冻→包装→冷藏销售

（2）食用前加工流程　冷冻包子坯→排放→气蒸

2.主要工艺条件

（1）配料　面皮原料以中筋面粉、耐冻性好的酵母（如鲜酵母和活性干酵母，最好

图5-6　速冻包

不要使用即发干酵母）为好，适当增加酵母用量（鲜酵母2%～4%，活性干酵母0.3%～1.0%）。调粉时应尽可能多加水，使面团柔软，但又要以最低限度的自由水为前提。含水较多的馅料应调制成可黏结成团的状态，含油较多的馅料使用固体脂肪为宜。速冻包子的馅料颗粒不可大于3mm。

（2）搅拌　与一般蒸制食品面团调制条件类似，搅拌程度以达到面筋充分扩展为宜，尽量使面筋的延伸性加强，防止成型困难以及冻结状态蒸制时萎缩。

3.面团发酵

在30～35℃的条件下，发酵40～60min，注意面团发起。发酵到酵母的最活跃时期，保证醒发顺利，又增加了柔韧性，使擀片和包馅成型顺利，但不允许发酵过度，防止破坏面团组织。

4.成形

成形包括面团分块、擀皮、包馅捏花等步骤。

（1）分块应保证质量稳定，尽量减少面团的机械损伤，适当搓团使损伤得到部分恢复。

（2）擀制面片的厚度根据产品要求而定，一般在蒸制时不破皮的前提下，面皮薄一些为宜。

（3）包馅时，注意每个包子的馅量应一致，尽可能使包子皮厚薄均匀。习惯上肉馅、菜馅包等捏成带有皱褶花纹的圆形包子；果酱包、枣泥包等捏成带花边的月牙形或麦穗形包子；豆沙、莲蓉包等捏成接口朝下，表面光滑的鸭蛋圆形包子等。高档面点包子还有许多花样，都可以作为速冻品种。成型后的包子坯摆放于传热性好的托盘上，注意保持间距。

5.醒发

包子坯在温度35～40℃和相对湿度70%～90%的条件下醒发。醒发时间以面坯开始明显膨胀为宜。掌握包子皮适当胀发并变得比较柔软时即停止醒发，不可醒发过度。轻度发酵既保证冻结期间酵母损害少，又防止因碰撞挤压而破坏面皮，并且有利于蒸制时进一步的胀发。

6.冷却与速冻包

坯适当冷却后急速冷冻。速冻多以超低温热传导为主的方式进行，把放有醒发好包子坯的托盘放置于紧靠制冷管道的位置，在-50℃以下的温度接触面上让包子迅速冻结。此方法较强制对流制冷的能量消耗少，并可减少包子坯表面的水分蒸发。速冻包子根据个体大小，速冻时间一般为30～90min，使中心馅料温度达到-20℃以下。

7.冷藏

速冻后包子入袋包装，放于温度为-23～-18℃的环境中储藏。通常考虑储存期为10周～12周。储存12周以后，面皮由于重结晶、低温酶等的作用而变质加快。

8.食用前加工

由于速冻包子是生制品，需要加热熟制。将包子坯在冻结状态下直接排放于蒸锅内的蒸盘上，盖严大火蒸制，小包子圆气后蒸10～15min，大包子15～25min，保证面皮和馅料熟透，但不可气蒸过度而使馅料失去鲜嫩。

九、馒头加工常见问题及解决方法

馒头与发酵烘焙面食——面包相比较，面团同样需要经过发酵，只是熟制方法是蒸气加热，产品不仅要求多孔柔软，而且要求具有色白、味淡、皮薄、水分含量高等特点。但是馒头表皮薄而柔软，支撑力比较弱，更容易出现起泡、裂口、发皱、萎缩等问题；气蒸温度较低，不产生褐变反应，表面和内部都为乳白色，由于不能掩盖黄、灰、褐色等颜色，会因原料或工艺等因素而导致产品颜色不好；口味平淡使制品中的香、酸、甜、苦、咸、馊、涩、腥、异味等很容易显现出来，稍有不良污染或原料风味以及加工产生的口味，都会明显地影响产品质量；气蒸使产品水分，特别是表面水分增加，加热温度低于108℃，灭菌不能够彻底，许多产品销售又是在保温条件下进行，故一般保质期非常短，甚至6h之内就会发生腐败变质现象；因此，馒头较面包更容易出现质量问题，而且质量劣变的因素复杂，较难控制。馒头作为日常必需的主食，占摄入食品的比例较大，对营养和卫生要求更高，任何抗营养或有害成分的添加和污染都会对百姓的身心健康造成很大的影响。

（一）馒头风味问题

馒头的风味是消费者最为敏感的质量指标之一。其应为纯正的发酵麦香味，后味微甜，稍带中性有机盐的味道（碱味），无酸、涩、苦、馊、腥、怪异等不良风味。

1.影响风味的因素有以下几点。

（1）面粉质量 ①小麦质量 如果小麦经过雨淋、发芽、发薄、虫蛀、冻伤等不正常变质后，会使淀粉损伤，脂肪水解，蛋白质破坏，酶活性增加，制得的面粉风味较差。小麦品种差或者未经过伏仓，特有的麦香味不能显现，都会使生产的馒头风味差。②面粉变质 面粉若存放时经历受潮、发霉、生虫、结团等劣变后，也会出现不良味道，严重影响馒头风味。杂质过高、灰分过大、化学污染和风味污染等对风味均有所影响。因此加工面粉时，需要充分除去杂质，存放环境保持干燥、洁净和无异味。

（2）水质　馒头的工艺用水，如和面用水、清洗设备用水等应为洁净无异味、符合饮用水标准的水。水中微生物污染、化学污染、管道污染、悬浮杂质过多等可能出现怪异气味或滋味；水中残留杀菌剂、化学沉淀剂以及水软化剂等化学试剂可能影响面团发酵，也会使馒头风味严重变差。

（3）添加增白剂　馒头若采用化学增白，不仅可能产生抗营养性，而且会明显影响馒头风味。吊白块是国家禁止在食品中使用的添加剂，其毒性较大，风味不良。过氧化苯甲酰是面粉增白剂，面粉中的残留物若超过标准，会出现发涩的刺激性口味，并失去发酵麦香味。添加亚硫酸盐类化学试剂或者熏硫是传统馒头生产常使用的增白方法，但残留的亚硫酸可使馒头带有硫磺的味道。

（4）面团发酵　面团发酵不仅产气，改善面团组织性，而且可以产生低分子糖、氨基酸、脂肪酸、醇、醛、酮、酯、醚等风味物质，发酵至最佳状态时，产品出现明显的香味和甜味。酵母选择不当，如产酸、产酒精过多或过少，发酵后产香差。酵母合适但添加量过少，或者发酵条件掌握不当，如温度过低或过高、时间过短或过长，都得不到最佳的风味。

（5）涂盘油　有异味蒸盘涂油可以防止粘盘，但过多会产生油腻味，若使用酸败油、菜籽油、豆油、小磨香油等味重油脂，就会使馒头带有油的味道。

（6）面团酸碱度不当　馒头过酸，甜香味不能体现。碱可中和面团中的有机酸，产生有机酸盐，出现馒头独特的风味。但过碱时馒头发黄，出现明显的碱味。

（7）其他　和面斗内、馒头机的进面斗及面辊、整形机皮带、托盘、盖馍棉被、垫馍布、包装袋、存馍筐或箱等设施被有害菌污染或自身有异味，也会使馒头风味不良。因馒头外观不好、口感较差而使食用者食欲下降也会造成味感不佳。

2.解决办法

根据影响风味的因素，采取相应措施，调整原料和工艺，使馒头风味更好。

（1）从用料入手　生产馒头的面粉应是优质小麦加工而来，杂质少，无严重的化学和生物污染，不含化学添加剂，不变质，达到特二粉以上标准。工艺用水最好使用纯净的井水，不能进行化学处理，除杂质可通过沉淀、过滤等物理方法完成，杀菌可使用紫外线法完成。另可选用无味或味淡的植物油刷盘。

（2）避免化学增白　尽量不使用化学试剂或化学方法增白，而应通过改换原料品种和配比，以及调整工艺条件达到增白的目的。如果不能避免面粉增白剂的使用，应要求增白剂的残留量不超过标准。

（3）掌握发酵条件　选择产酸产醇适中的馒头专用酵母，二次发酵法即发干酵母添加量掌握在0.15%～0.25%之间。活性干酵母或鲜酵母应用温水化开，水温不超过40℃。所加酵母与面粉应充分搅匀。面团发酵温度在30～35℃为好，过高过低对风味都不利，面团发酵程度应掌握在用刀切开呈丝瓜瓤状为好，过老过嫩都得不到最佳风味。

（4）调整面团的酸碱度　依当地口味调整馒头的酸碱度。当条件相对稳定时，加碱量可保持不变。水质、面粉及发酵温度变化时应适当改变加碱量，原则是水硬度大、面酸度高、温度高增加碱量。有剩面头加入时需增加碱量，面头多、面头老应多加碱。调整面团pH值在6.4～6.7之间。

（5）其他　搞好设施卫生，保证馒头外观和口感，能使馒头更好吃。可根据当地的食馍口味，决定是否加入甜味剂，如蛋白糖、甜蜜素、白砂糖、甜酒等，添加量不宜过多，要不失馒头主食风味，并且也不过多增加成本，比如50～60倍蛋白糖按面粉量添加0.5/10 000～1.5/10 000就有明显的增甜效果。

（二）馒头内部结构及口感问题

馒头的口感也是决定其质量的最重要指标之一。优质的馒头应柔软而有筋力，弹性好而不发黏，内部有层次，呈均匀的微孔结构。

1.馒头发黏无弹性

（1）原因　小麦淀粉颗粒损伤严重，还原糖过多，一般是因为小麦发芽、虫蛀、发霉、冻伤等劣变或面粉变质引起。馒头蒸制未熟透也会出现这种情况。

（2）解决方法　更换面粉，不能用发芽、虫蚀、发霉、冻伤等劣变小麦生产的面粉，面粉储藏时间不可超过保质期。馒头蒸制时气压不应低于0.015MPa。要根据面坯大小调整蒸制时间。

2.馒头过硬不虚

（1）原因　酵母活力过低或加酵母过少难以产生足够的二氧化碳；加水过少面团过硬；醒发时间不足，馒头个头小而过硬；揉面不充分，面团过酸。

（2）解决办法　多加水和酵母量，和面至最佳状态并充分揉面，延长醒发时间使馒头内部呈细密多孔结构。调整好面团酸碱度，使产品柔软。

3.馒头底过硬

（1）原因　气蒸时气压过大，时间过长。

（2）解决方法　减小气蒸时气压，缩短气蒸时间。坯剂大小应符合馒头机要求，且扑粉不可过多。

4.馒头过虚，筋力弹性差

（1）原因　加水多，醒发时间过长，内部呈不均匀大孔。

（2）解决方法 减少加水量，缩短醒发时间。若蒸柜不够，无法缩短时间，可降低醒发温度，注意降温时要加大湿度，防止表面干裂。

5.馒头层次差或无层次

（1）原因 面团过软；馒头机扑粉得太少；醒发温度过高；时间过长。

（2）解决方法 适当减少加水量；馒头机刀口处多下扑粉，使较多的干面入坯中；降低醒发温度或减少醒发时间。

6.馒头内部空洞不够细腻

（1）原因 和面不够或过度，面筋未得到充分扩展或弱化严重；成型揉面不足，未能赶走所有气体，面团组织不够细腻；加水少而延伸性差；醒发过度，膨胀超出了延伸承受极限，出现大蜂窝状孔洞，组织变得僵硬粗糙。

（2）解决方法 和面时保证搅拌时间和效率，确保物料混合均匀且面筋充分扩展又未出现严重弱化；充分揉面，赶除所有二氧化碳气体，使面团组织细腻；提高加水量，使面团柔软而延伸性增加；缩短醒发时间，防止因膨胀过度而超过面团可承受的拉伸限度。

（三）萎缩

馒头气蒸或复蒸时萎缩变黑，像烫面、死面馒头而无法食用，在馒头保温存放时也偶有发生。该现象出现，使馒头废品增多，而且消费者复蒸时若出现萎缩变黑将严重影响企业的信誉。

1.产生原因

（1）面粉品质 ①变质面粉生产馒头最易出现萎缩。面粉中酶活力高，产酸多，在醒发或气蒸或馒头存放时易出现塌陷。②面筋过强或面筋质量过差。面筋过强，当馒头出锅时，组织的内部压力消失，面团的收缩力大于支撑力时，突然出现萎缩。面筋强度不足时，面团难以持气，产品也类似死面馒头。

（2）面团搅拌未达到最佳。和面不足，原料未充分混匀，面筋未形成牢固的网络并充分扩展，延伸性较差；搅拌过度，面筋受到过度的拉伸和剪切，或者面筋弱化严重而网络破坏都有可能导致产品萎缩。和面机搅拌速度过快或者搅拌轴不光滑，会在搅拌时破坏面筋；搅拌时间过长，摩擦和拉伸也可使面筋破坏。

（3）加碱不足。面团有酸性时面筋柔软性和延伸性差，强酸性时会出现蛋白质达到等电点而萎缩。重金属离子也易使面筋老化而失去弹性，加碱既可中和酸性，又可使金属离子沉淀而失活。

（4）和面水温过高。50℃以上高温会烫死部分酵母，60℃以上甚至烫坏面筋。

（5）成型时回料过多。馒头机的强力螺旋推料和辊间摩擦会大量产热，螺旋绞龙强力剪切使面筋严重破坏，酵母活性降低。当成型坯回料二遍以上时，馒头难以发起，很有可能出现馒头萎缩。

（6）醒发掌握不好。当醒发室温超过45℃时，有可能使坯表面层内酵母失活而难醒发；醒发时间过短，酵母未开始启动产气，汽蒸时不膨胀而使面团坯死；醒发过度，膨胀超过了面筋的抗拉伸极限，蒸制时也会出现塌陷。

（7）蒸柜内温度不均衡。蒸柜局部过热或局部热量不足，一些馒头蒸过头，一些未熟透复蒸时很易萎缩。蒸制容器完全密封，空气无法排除，容器内压力大，新鲜热蒸气不能进入容器；或者容器的排气口过大，造成蒸气直出，都有可能造成蒸气不能很好地在蒸柜内循环，蒸柜热量不均衡。

2.解决方法

（1）把好面粉质量关。选择筋力适中的优质面粉。

（2）和好面团。选择强力、慢速、搅拌剪切力小、翻动效果好的和面机。二次发酵法，第一次和面，有效搅拌3～5min，保证物料混合均匀；第二次和面，有效搅拌6～12min为宜，达到面筋的最佳状态。一次发酵法，和面10～15min，使面筋充分扩展。

（3）保证加碱量。调节面团pH值不低于6.4。二次发酵法每75kg面粉加碱一般不少于50g。

（4）控制和面水温。为了使面团温度达到发酵温度，应调节和面用水温度。加水温度不得超过50℃，化酵母水应低于40℃，和好的面团温度在30～35℃为好，不应超过35℃。

（5）防止多遍回料。调节好馒头机，防止次品增加。坯回料应与新鲜面团配合一同加入馒头机。

（6）控制醒发程度。醒发温度不超过45℃，馒头坯醒发完全启动后才能进蒸柜，并且不可醒发过度，醒发后坯仍有一定的弹性。

（7）保证蒸柜内微压。蒸馍蒸柜密封良好，上下排气应畅通，但排气口不宜过大，保持蒸气的扩散和循环，使柜内热量均衡。一般在蒸制过程，自排气口排出的蒸气应该呈直线喷出，要观察排出蒸气状况并调节排汽口大小。热蒸气会向上升，为了使蒸柜内不留死角，必须在蒸柜下边留排气孔，并保证下口有蒸气排出。

（四）馒头外表不光滑

优质的馒头应为表面光滑、无裂纹、无气泡、无明显凹陷和凸疤。表面光滑与否对于商品馒头的销售影响很大。

1.裂口

（1）原因 面团硬，过酸或过碱，和面搅拌不充分，成型时扑粉过多，表面有裂口；醒发湿度低且时间短，蒸制时裂口。

（2）解决方法 面团适当多加水，控制碱量，成型时控制扑粉量适宜，表面有裂口时返回。增加醒发湿度，待表面柔软后再蒸。

2.裂纹

（1）原因 成型时形成裂纹；在成型室排放时形成硬壳或者已经裂纹；醒发湿度低，醒发时间长，出现裂纹。

（2）解决方法 成型时调整好馒头机，对好刀口，减少后段扑粉，使坯表面光滑；缩短排放时间，或者坯上架后适当保湿；整形前将坯的表面旋翻至下面；增加醒发湿度，使硬壳变软不裂或使裂纹变不明显。

3.表面凹凸

（1）原因 成型时表面有疤，旋朝上、排放时手捏过重，形成凹凸不平。

（2）解决方法 调整馒头机，防止坯表面有疤，检查有疤的坯返回成型。将其旋翻至下面，旋翻和排放时用力要小，且要多个手指同时用力。

4.起泡

（1）原因 面团加碱少，面团过软；揉面机揉压时，有干面加入；醒发温度过高湿度过大，且醒发时间过长；醒发时坯表面滴水；蒸时气压过高，蒸制后出现明显大泡。蒸后马上推车，导致托盘底部水珠滴下，也出现白泡。

（2）解决方法 增加碱量，和面加水减少，不要醒发过度。揉面时尽量不撒扑粉。气蒸压力不超过0.06MPa。若出现因馒头表面滴水引起的白泡，适当晾干后会自然消失。

（五）馒头色泽不好

优质馒头表面应为亮白色、颜色一致、有光泽、无黄斑、无暗点。内部也应为乳白色，颜色一致。馒头的色泽是一种视觉效果，与乳化、膨胀、透明度等有关。

1.馒头色泽发暗

（1）原因 主要原因是面粉不白，水质有色，面团酸，成型揉面不充分，醒发湿度大，醒发不足。

（2）解决方法 选择色白面粉；和面用水管道中锈水或油水应排干净，最好使用不生锈的水管；成型时适当多扑粉；手工制作保证揉面遍数；醒发时在保证不裂口的前提下，降低湿度，以表面柔软不粘手为准，一般相对湿度在60%～90%

之间，坯凉如冬季要降低前段湿度，坯热如夏季要加大前段湿度；保证醒发时间，使馒头坯充分发起。

2.馒头发黄有斑

（1）原因　加碱过多，馒头发黄；碱未化开，出现黄斑；底部发黄，可能是刷油过多或油色过重；一部分馒头表面局部出现黄片，可能是滴上了碱性水或者是接触馒头的物品有碱性。

（2）解决方法　减少加碱量，碱充分化开后再加，坯或馒头避免与碱性物质接触；洗刷设备、容器、垫布和盖被时最好不用碱性洗涤剂，如纯碱、洗衣膏、去污粉等；选择色浅油脂刷盘，在不粘情况下尽量少刷。

3.出现暗斑不白

（1）原因　表面皮薄，内部形成不均匀气孔，能看见皮下气泡形成黑印，或者出现不平整黑斑，类似麻子脸，馒头由大变小，内部呈不均匀大孔。主要原因是醒发时温度高、湿度高，醒发过度，表皮持气能力消失，面团的组织结构过度膨胀变得粗糙；气蒸时气压过低，蒸制过程再度醒发。

（2）解决方法　馒头机后段适当增加扑粉；醒发温度、湿度降低，时间缩短；加大汽蒸压力。注意面团硬时，坯无法膨胀很大，因此硬面馒头体积不宜过大。

（六）腐败问题

1.馒头腐败的主要原因

（1）馒头是微生物生长的良好培养基　馒头含水量在35%～45%之间，在塑料袋包装条件下，表皮的水分大于内部水分。面体中含有微生物生长的各种营养物质，是细菌、酵母菌、霉菌等微生物生长的良好环境。

（2）熟制过程不能彻底杀菌　馒头的生产条件通常比较粗放，腐败微生物污染难以避免，蒸汽加热温度一般在100～108℃，各种菌类基本死亡，但细菌芽孢未能彻底杀灭。因此微生物完全可能在制品自身内部繁殖生长。

（3）制品存放时微生物污染　在冷却、包装和储存运输等过程中，馒头很容易沾染各种微生物，特别是散装接触的储存容器和环境不洁净，就会污染更多的微生物。

（4）保温条件有利于发酵　许多地方消费者愿意购买热的鲜馒头，要求在存放和销售环节保温。温度过高可能导致在塑料袋中的馒头结露水，表面泛白，因此要么将制品散装于保温容器中，盖棉被保温；要么适当降温后包装入塑料袋中。当温度保持在30～45℃时，微生物生长繁殖非常快，在较短的时间内馒头就会腐败。在夏季，外界温度达到30℃以上，袋装馒头在6h以内就会发馊。

2.馒头腐败的特征

（1）微生物指标 馒头腐败后的菌落总数超过10^5个/g。馊味明显的是以产酸菌为主，变色的是以霉菌为主。腐败后大多数馒头的大肠菌群可能超过50个/100g。

（2）风味变化 由于微生物发酵过程中会产生许多呈味物质，比如酸、醛、酮氨、硫化氢等。腐败的馒头首先出现馊味，随着腐败的继续，可能出现腥味、涩味、苦味和臭味等怪异风味。乳酸菌在较高温度下发酵迅速，对制品外观影响不大，故高温（30～45℃）储存馒头，在外观仍未发生变化时就有可能变酸。较低温度（18～25℃）储存馒头，霉菌发酵占主导地位，在出现霉斑或丝线的同时会产生腥味和霉味。一般腐败是多种菌共同发酵的结果，出现的味往往比较复杂，难闻难食。

（3）外观变化 一些微生物生长繁殖会产生菌斑、绒毛、丝线、黏液等而影响食品外观。同时发酵引起的组织性和湿度变化也使制品的外观有所变化。霉菌产生白色、褐色、红色或黑色霉斑。产生绒毛和丝线，还会液化固体，严重影响外观。细菌发酵会产生绿色、黄色、灰色和白色菌斑，也可以液化食品。酵母菌、放线菌等也可能影响产品外观。

（4）组织性变化 在塑料袋中密封包装的产品，大多腐败伴随固体的液化，导致制品变软发黏。而在干燥的环境中未包装的产品，微生物生长繁殖的同时可能使其变得更加僵硬。

3.腐败的预防

腐败后馒头的风味、外观、组织性等都发生严重的变化，而且可能产生有害、影响身体健康的毒性成分，因此失去食用价值。馒头的防腐可从以下几个方面入手。

（1）讲究生产环境卫生 生产过程避免微生物污染，与原料、半成品、成品接触的用品、设备、人员、空气等应保持洁净。特别是和面和发酵等与面团接触时间较长的装置更应该注意卫生。

（2）减少产品储存污染 散装馒头的垫布和被罩应经常清洗。被罩最好每日晾晒，连续使用冬季不超过数天，夏季不超过两天。袋装馒头的塑料袋应为无毒无异味的塑料制品，并保持洁净，且不能再回收使用。

（3）掌握储存条件 ①冷却袋装。装前必须保证馒头冷透，与室温相差不超过30℃。如果馒头未凉透，会使袋内出现露水，馒头表面泛白、粘袋，还会使保质期明显缩短。在冬季为了防止在销售阶段因袋内外温差过大而出现露水，在包装后应加盖棉被保温。袋装冷馒头在30℃以上气温下储存不应超过12h，10～20℃以上温度不超过24h；包装好的保温馒头存放应不超过6h，否则可能产生异味。②散装馒头。馒头趁热放入包装箱或簸箩内，盖上能够透气、保温并吸湿的棉被。保温存放馒头不可超过12h，最好不超过8h。③车间存放馒头在车间存放，应以不干、不裂、不破、不变形、不变色为好。大多数存放期在16h以内。最理想的存放方法是将蒸车的托盘推入储藏室，保持室内相对湿度大于70%，密闭室门就能达到这个要求。若温度低于20℃，馒头蒸后未经人员接触，再挂紫外灯灭菌，在储藏室内放置24h以内，馒头重蒸后与新蒸馒头几乎相同。堆放时应先冷却再堆积，防止相互粘破，堆不可过高，防止馒头压扁，上盖布或棉被，防止干裂、变色。堆放馒头，夏季不超过6h，冬季不超过24h，防止变味变色。④添加防腐剂。防腐剂的加入会导致许多问题而难以使用：A.效力比较强的常用防腐剂，如苯甲酸钠、山梨酸钾等，不仅可能使酵母菌活性受到影响而醒发困难，并且在馒头的中性条件下，防腐效果也不好；B.有选择性的防腐剂，如丙酸钙对酵母菌影响小，但加入少则防腐效果不明显，过多则产生异味，一般只能加入面粉的千分之一以下，很难明显地起到防腐效果。因此馒头的防腐必须是使用复合添加剂才能够效果显著。比如苯甲酸钠和丙酸钙配合使用，添加丙酸钙0.085%（质量分数）、苯甲酸钠0.08%（质量分数）的馒头在38℃储存48h仍未变质。

（七）馒头储存过程中的质量下降

1.质量下降的原因及表现

馒头在长期储存后，表现为结构变得坚韧、表皮发硬，馒头心丧失其柔软性，变得无弹性、干燥且易掉屑和香味丧失等。这些现象便是馒头的老化，它主要是由淀粉的老化造成的。馒头在老化后失去水分、变硬丧失弹性，其变硬程度及弹性均可作为衡量馒头老化程度的指标。

2.防止措施

通过添加适量的低温淀粉酶，能有效地减缓馒头储存过程中质量下降的速度。从而起到抗老化的作用。研究表明，低温淀粉酶添加量对馒头的外部品质指标有一定改良作用。馒头的色度随着低温淀粉酶添加量的增加而增加，在50mg/kg以前馒头

图5-7　馒头成品

色度增加趋势明显，但是50mg/kg以后馒头的色度增加不是很明显。馒头的咀嚼性和馒头的硬度有着显著相关性，随着低温淀粉酶添加量的增加，其变化趋势和硬度一致。馒头的黏性随着低温淀粉酶添加量的增加先减小后增加，在10mg/kg时馒头的黏性最小。馒头色度随着低温淀粉酶添加量的增加而增加，30mg/kg以前增加趋势明显，30mg/kg以后馒头的色度增加平缓。由此表明：低温淀粉酶添加量为30mg/kg时，馒头储存过程中的感官评价得分和仪器测量结果都较好。

第三节　油炸食品加工

一、炸制工艺技术

油炸熟制法必须使制品全部浸泡在油内，并有充分的活动余地。油烧热后，制品逐个下锅，炸匀炸熟，一般炸成金黄色即可出锅。

（一）炸制技术关键

面点制品在一定油温下炸制，既要达到可食性（内部成熟），又要具备良好的感官性状（色泽），控制和选择油温是炸制技术的关键。如油温过高，就可能炸焦炸糊，或外焦里不熟；油温不够，则比较软嫩，色淡，不酥不脆，耗油量大。另外油受热后，产生比水蒸气、水煮高得多的油温，而且油温变化幅度大而快，因此要控制好油温。炸制技术关键要掌握下列几点。

（二）火力不宜太旺

火力是油温高低的决定因素，火大油温高，火小油温低，油受热后温度升降变化很快，很难掌握，在油炸操作过程中要切忌火力过旺，否则就要离火降温，总之宁可炸制时间稍长一些，也不要使油温高于制品的需要，防止发生焦糊。

（三）油温

要按制品需要选择不同油脂的发烟点、闪点和燃点。发烟点，即油脂加热过程中开始冒烟所需要的最低加热温度；闪点，即油在加热时，有蒸气挥发，其蒸气与明火接触，瞬时发生火光而又立即熄灭时的最低温度；燃点，即发生火光而开始燃烧的最低温度。油脂的发烟点、闪点和燃点都比较高。

油脂燃点在300℃以上。以燃点划分油温的标准，若以300℃作为燃点基数，五成油温为150℃，七成油温为210℃。

不同制品需要不同的油温，但从面点炸制情况来看，油温大体可分为两类：温油一般指150℃左右，行业称为"五成热"，低于这个油温的三四成热也属于温油。热油，一般指油温210℃左右，行业称为"七成热"。炸制法大都使用温、热两种油温，但还有先温后热、先热后温的不同变化。

（四）温、热油炸制法

1.温油炸制

以油酥制品为例说明温油炸制法。五成油温将制品下锅炸制，一般在油温升至接近七成热以前，必须将油锅端离火口，使锅内油温停止升高，并不断晃动油锅，使热匀散。当油锅温度降至五成热以下，就要再回到火上，这样反复直到制品成熟。五成温油炸，逼出了制品内油分，起酥充分；再用较高的油温炸，防止浸油，炸得熟透，外皮脆而不散。但是，有些花色品种，为了取得某些效果，就要采取低温油炸制。如炸荷花酥，要使油酥品开成荷花形，就要在三四成热时下锅，油温高了，不是不开花，就是炸"死"或炸"飞"。

温油炸制适用于较厚、带馅制品和油酥面团制品。温油炸的制品特点是：外脆里酥，色泽淡黄，层次张开，又不碎裂。

2.热油炸制

必须在油烧到五成热以后下锅。若油温不足，制品色泽发白，软而不脆。如油饼、油条炸制，都要用热油，炸制时间不能长，还需不断翻动，均匀受热，黄脆出锅。

热油炸制主要适用于矾碱盐面团及较薄无馅的品种，其制品特点是：膨松，又香又脆。

油炸制品炸制时除要掌握火力和油温外，还必须保持油质清洁，否则要影响热的传导和色泽。在用植物油炸制时，要先熬过，再用于炸制，否则会有生油味，影响制品质量。

用温油炸制花色品种、酥品，要防止制品走形，对容易沉底的制品，要放入漏勺中炸，防止落底粘锅。

二、传统油炸食品加工方法

传统食品或地方特色食品或土特产，是以继承饮食文化价值感为基础的食品，它能给人以想象到加工者之手的亲切感，能使购买的人们、食用的人们切实感受到加工者的存在。

（一）油炸麻花

麻花是中国的一种特色食品，金黄醒目，甘甜爽脆，甜而不腻，口感清新，唇齿留香；好吃不油腻；富含蛋白质、氨基酸和微量元素，既可休闲品味，又可佐酒伴茶，是理想的休闲食品。

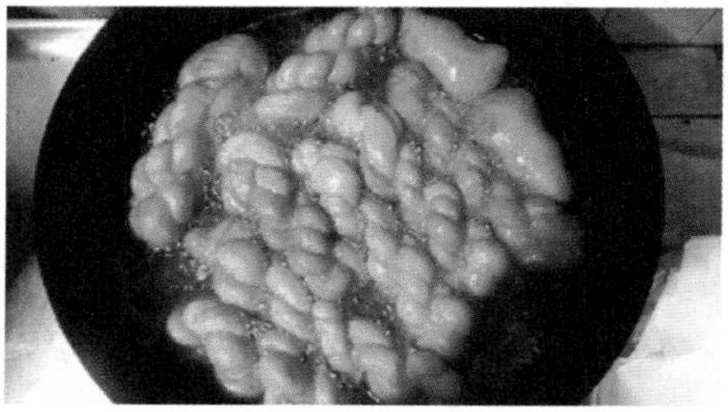

图5-8 油炸麻花

如天津十八街麻花（桂发祥麻花）。十八街大麻花的创始人是河北大城县人范桂林。他炸制的麻花好看又好吃，很受顾客喜爱。他把炸麻花用的面改为半发面，还在麻花白条中间夹放一条含有桃仁、桂花、青红丝、冰糖等各种配料的酥馅。经过这样制作的坯料，炸出来的麻花酥脆香甜，别有风味，而且只要存放在干燥处，虽经多日仍然酥脆口味不变。这些大麻花不仅色香味美，而且造型美观，简直像绝妙的艺术品，令人不忍下口。于是范桂林炸的大麻花出了名，"桂发祥"名闻遐迩，而"十八街大麻花"也成了天津著名的地方特产。

1.原料配方

面粉25kg，植物油12.25kg，白砂糖6.75kg，姜片250g，碱面175g，青丝、红丝各110g，桂花275g，芝麻仁750g，糖精5g，水7.5L。

2.制作方法

（1）在炸制麻花的前一天，用3.5kg面粉加入500g老肥，用4L温水调搅均匀，发酵成为老肥，以备次日使用。

（2）用2L水将3.5kg白糖，135g碱面和5g糖精用文火化成糖水备用。

（3）取3.5kg面粉，用550～650g热油烫成酥面备用。

（4）取750g麻仁，用开水烫好，保持不湿、不干的程度，准备搓麻条用。

（5）用烫好的酥面，加入白糖3.25kg、青红丝各110g、桂花275g、姜片175g和碱面25g，再放入冷水1 750mL搅匀，用500g干面搓手，把面搅和到软硬适用为度。在搓条过程中用铺面1 000g。

（6）将剩下的干面16kg放入和面机内，然后把前一天发好的老肥掺入，加入化好的糖水，再根据面粉的水分大小，不同季节，倒入适量冷水，和成大面备用。

（7）将大面饧好，切成大条，再将大条送入压条机，压成细面条，然后揪成长约35cm的短条，并将条理顺。一部分作为光条，另一部分揉上麻仁做成麻条。再将和好的酥面做成酥条。按光条、麻条、酥条5:3:1的比例匹配，搓成绳状的麻花（捏好嘴）。

（8）将油倒入锅内，用文火烧至温热时，将麻花生坯放入温油锅内炸20min左右，呈枣红色，麻花体直不弯，捞出后在条与条之间加适量的冰糖渣、瓜条等小料即可。

麻花的规格按每根重量有100g、250g、500g、1 000g、1 500g等多种。

3.产品特点

色泽棕红，口感油润，酥脆香甜，造型美观，内有酥面和多种果料，久放不绵。

（二）金丝麻花

1.金丝麻花（一）

（1）原料配方　富强粉23kg，鲜蛋12.5kg，生油2.5kg，桂花0.5kg，白砂糖12.5kg，炸油8kg。

（2）工艺流程　配料→和面→成型炸制→挂浆→成品

（3）制作方法　将鲜蛋放入和面机内搅拌，使其不要太发，加油搅拌均匀，加面制成面团。将其分块后，把面团擀成薄片，中间刷一层红色食用色素，再折成两层，竖切成3.5cm长，再横切成宽3cm的小长条，将其中间切一刀使两端不断，翻折成麻花状即成生坯。然后在油温160℃的油中炸熟，最后用糖浆挂浆翻砂即为成品。

（4）质量标准　规格形状：麻花状，大小均匀一致。

（5）感官评价　表面色泽为表面毛浆，白色均匀。口味口感为香甜适口，松酥不腻。内部组织为内有均匀的小蜂窝，不含杂质。

2.金丝麻花（二）

（1）原料配方　富强粉22.5kg，面肥4kg，饴糖5kg，白糖10.5kg，芝麻仁2kg，桂花0.5kg，炸油7kg，苏打适量。

（2）工艺流程　配料和面成型→炸制→粘糖→成品

（3）制作方法　先用水溶化糖和苏打，再和面肥、饴糖、面粉拌匀成面团，将其擀成面片，再在面片表面刷水撒芝麻，切成每个约7.5g重的长面条，然后搓细，搓长，对折扭花，反复两次（扭花即用两只手向相反方向搓一下），便成麻花生坯，即可进行炸制，炸熟后，粘一层白糖便可为成品。

（4）质量标准　规格形状：麻花形，形状整齐，长短一致，不碎。

（5）感官评价　表面色泽为呈深棕色，并黏附白糖。口味口感为有炸油香味，酥脆，无其他异味。内部组织为具有均匀的小蜂窝，不含杂质。

（三）千层酥麻花

1.原料配方

面粉25kg，植物油12.25kg，白砂糖6.75kg，姜片250g，碱面175g，青丝、红丝各110g，桂花275g，芝麻仁750g，糖精5g，水7.5L。

2.制作方法

（1）在炸制麻花的前一天，用3.5kg面粉加入500g老肥，用4L温水调搅均匀，发酵成为老肥，以备次日使用。

（2）用2L水将3.5kg白糖，135g碱面和5g糖精用文火化成糖水备用。

（3）取3.5kg面粉，用550～650g热油烫成酥面备用。

（4）取750g麻仁，用开水烫好，保持不湿、不干的程度，准备搓麻条用。

（5）用烫好的酥面，加入白糖3.25kg、青红丝各110g、桂花275g、姜片175g和碱面25g，再放入冷水1750mL搅匀，用500g干面搓手，把面搅和到软硬适用为度。在搓条过程中用铺面1000g。

（6）将剩下的干面16kg放入和面机内，然后把前一天发好的老肥掺入，加入化好的糖水，再根据面粉的水分大小，不同季节，倒入适量冷水，和成大面备用。

（7）将大面饧好，切成大条，再将大条送入压条机，压成细面条，然后揪成长约35cm的短条，并将条理顺。一部分作为光条，另一部分揉上麻仁做成麻条，再将和好的酥面做成酥条。按光条、麻条、酥条5∶3∶1的比例匹配，搓成绳状的麻花（捏好嘴）。

（8）将油倒入锅内，用文火烧至温热时，将麻花生坯放入温油锅内炸20min左右，呈枣红色，麻花体直不弯，捞出后在条与条之间加适量的冰糖渣、瓜条等小料即可。

3.麻花的规格

按每根重量有100g、250g、500g、1 000g、1 500g等多种。

4.特点

酥脆香甜，味美适口，经久不绵，不变质。

（四）伍佑糖麻花

伍佑糖麻花因坯形如绳，俗称油绳，相传有200多年的历史。清乾隆皇帝下江南路过淮安府时，盐城县令曾以此进贡，大获赞许。伍佑镇上"五云斋""董大同""房裕升"等茶食店都是经营此物的百年老店。由于用料讲究，工艺求精，素以香、甜、酥、脆闻名。加之状如双龙盘旋，小巧玲珑，色泽赤红鲜亮，入口油而不腻，甜中有香，成为居家、旅游、馈赠佳品。

1.配料

精面粉50kg，红砂糖8kg，饴糖3kg，棉清油35kg，膨松剂适量。

2.制作方法

将面粉和红砂糖、饴糖及棉清油5kg左右，调制成面团，加入酵头发酵，发酵温度以20℃左右为宜，时间2～3h。待发酵后，方能加入适量的膨松剂，然后将面团揉匀，切成条状，再搓成细条，条粗0.8cm左右，再用手搓成麻花生坯，成双龙盘旋状。等油锅内花生油烧沸时，将生坯投入，片刻麻花便浮在油面上，用温油慢炸，当里外均炸成栗壳色时，即可起锅。

3.感官评价

香、甜、酥、脆，状如双龙盘旋，小巧玲珑，色泽赤红鲜亮，入口油而不腻，甜中有香。

（五）其他传统麻花

1.馓子麻花

馓子因股条细而松散得名，也称"馓枝""馓股"，是回族群众的节日传统食品之一，以股条细匀、香酥脆甜、金黄亮润、轻巧美观而著称，很受人们青睐。

（1）原料配方　面粉500g，植物油1.5kg（实耗约150g），盐7g，凉水250g。

（2）制作过程　①用盐加200g水和面拌匀后，反复揉搓，随揉随加余下的水直至面团细密无粒。放入盆中，盖上湿布稍醒片刻。将醒好的面压成扁状厚1.5cm，再切为1.5cm长条，揉成与筷子大小后，将其放在抹好油的盆中，每盘每层刷一层油以防粘连，待全部盘完后，用布盖上醒50～60min。②将植物油烧热，将盘好的条取出，条头放在左手食指根处用拇指压住，由里向外绕在其他4个手指上，随绕随将条拉细。约绕30圈左右，将条揪断。断头压在圈内，再用两手食指伸入圈内拉长2/3，用两根筷子代替两个食指把两条绷直，下入油内炸至半熟时斜折过来，定型后抽出筷子，炸至深黄时捞出即成。

2.鸡爪麻花

（1）原料配方　优质白面500g，香油40g，盐15g，碱2.5g。

（2）制作过程　先将盐、碱用温水化于盆，对面后，两手将面抄成穗，再对入香油和酵头或老面肥，再揉，将面揉到光滑为止，稍停待面发起后，执案上，刀割成块，搓成长条，粗细如筷，四股一剂，揪取二寸长一段，拧成鸡爪形状下锅，锅内香油，用适宜的平火，将麻花炸到杏黄色，在锅内不出泡时，捞出即成。

3.北京脆麻花

脆麻花是北京清真小吃的常见品种。脆麻花不仅北京有，南方也有，且形状、质地基本相同。北京除脆麻花外，还有芝麻麻花、馓子麻花、蜜麻花等。所以《故都食品百咏》中有诗说："麻花烧饼说都门，名色繁多恣饱吞，适口价廉随处有，一年四季日晨昏。"

（1）原料配方　面粉1 000g，红糖300g，碱面20g，明矾10g，花生油100g，老肥50g等。

（2）制作方法　先将苏打、明矾放入盆内，用温水300g化开；再加入老肥、红糖和花生拌匀；然后面粉倒入和均匀。揉成面团后，盖上湿布饧10min。制作时将饧好的面团揪成小剂，搓成约10cm的长条，放入盘中刷一层油，码三四层再饧一会儿后，拿起一根搓成长绳条，合成三股，做成麻花。它的规格长约12cm，条要均匀，呈棕黄色，每根约重30g多。将油倒入锅内，用旺火烧六成热时，将麻花坯子分批下入油中炸制，要随做随炸，炸时用筷子将麻花坯子在油里抖动，使条与条之间稍微松散开，便于炸透，待炸至棕黄色时即成。

（3）感官评价　焦、酥、脆，有甜味，存放几天仍保持脆性。

（六）天津耳朵眼炸糕

耳朵眼炸糕起源于晚清光绪年间（1900年），第一代掌柜刘万春由于他做的炸糕选料精、作工细、味道好、口感妙，物美价廉，在众多的炸糕中出类拔萃，独树一帜，买卖日见兴隆，赢得了"炸糕刘"的美称，因炸糕店紧靠着一条只有1m多宽的狭长胡同——耳朵眼胡同，人们便风趣地以耳朵眼来称呼刘记炸糕铺。耳朵眼炸糕铺则越叫越响，炸糕也被称为"耳朵眼炸糕"了。

耳朵眼炸糕选料需用优质糯米、黄米、红小豆、赤砂糖、香油等。馅经漂、煮、焖、搅、炒糖、炒馅等工序，皮面经水泡、石磨、发酵、兑碱成型，在滚油内炸成金黄色球冠状成品。特点是口感外焦里嫩、皮酥脆、馅鲜嫩而不干、细甜爽口，香味芬芳。

1.糯米和大米为主料的耳朵眼炸糕

（1）原料配方　小豆5kg，红糖5kg，糯米和大米5kg，植物油1kg。

（2）制作方法　①碾面　大米和糯米的用量应视糯米的黏度而定，通常是糯米∶大米=7∶3。将米过筛去杂，用清水淘洗三次，然后放在锅中用净水浸泡24h，至米粒松软时捞用。用水磨碾成米面浆，用白布袋把米面浆装起来，放在挤

图5-9　炸糕

面机上，把袋内水分挤出去，5kg米出8kg湿面。②发酵　湿米面经过发酵（发酵时间春秋季节需12h，夏季随时可用，冬季48h），放到和面机内和好备用。③制馅　将小豆去杂洗净，按投料标准加入碱面，放到锅内煮熟，用绞馅机绞烂，放入红糖拌匀待用。④成品制作　将和好的面上案掐剂，每个剂重65g，将剂逐个擀成炸糕皮，包入豆沙馅30g，成型。油锅内注油，烧至5分熟时，下入包好的生坯糕，逐渐加大火力，用长铁筷勤翻勤转，以糕不焦为准，炸25min左右即可出锅。

（3）产品特点　皮薄馅大，颜色金黄，馅嫩不死，酥脆香甜。

2.黄米面炸糕

（1）原料配方　黄米1 000g，红豆沙1 000g，糖桂花15g，花生油150g。

（2）制作方法　①将黄米（宜选用新黄米）淘洗干净，用凉水浸泡4h后，连米带水一起磨成稀糊状，装入布袋吊起沥水，再倒入盆中，放在比较温暖的地方使其发酵，时间不宜太长，面刚发起即成。②将发好的面揪下一小块重约60g，揉成团，放在左手上按成圆皮，右手把用糖桂花拌好的豆馅放在圆皮上，旋转圆皮逐渐把馅包住，再揪去收口处的面头，放在湿布上按成圆饼状，依此法将所有面与馅包完。③将锅内倒入花生油，烧至六成热，将炸糕生坯分批放入油里，炸至呈金黄色，即可食用。

（3）产品特点　此糕色泽金黄，外皮焦脆，黏软耐嚼，馅细腻甜润，宜热吃。

（七）烫面炸糕

1.原料配方（可制约100个）

面粉2250g，老酵375g，碱面25g，白糖900g，糖桂花100g，芝麻油25g，花生油1 500g。

2.制作方法

（1）将凉水2 000g倒入锅中，在旺火上烧沸后点上一些凉水，使水不沸，即倒入面粉2 000g，迅速搅拌，直到面团由白色变成灰白色，而且不粘手时，取出摊在案板上晾凉。然后，加入老酵和碱面揉匀，盖上湿布发酵1h（冬天需要2h）。

（2）将白糖放入盆内，加入芝麻油，糖桂花和面粉（250g）拌成馅。

（3）把烫好的面团搓成圆条，再揪成100个面剂，逐个按成圆皮，加入约12g的糖馅，将四边兜起包严，揪去收口处的面头，按成直径6cm的圆饼。

（4）锅内倒入花生油，在旺火上烧到四成热，将圆饼分批下入油里炸。约炸10min，待两面都呈金黄色时即成。

3.风味特点

色泽金黄，外皮酥脆，内质嫩软。

（八）奶油炸糕

北京小吃中奶油炸糕是富有营养的小吃。它由元朝蒙古族人的饮食习惯沿袭下来。奶油炸糕呈圆形，外焦里嫩，香味浓郁，富有营养，易于消化。

1.原料配方（可制约40块）

面粉500g，鸡蛋500g，奶油100g，香兰素2.5g，白糖200g，花生油1.5kg。

2.制作方法

（1）将锅内倒入凉水500g，置旺火上烧沸后，改用微火，随即加入面粉迅速搅拌，面团由白色变成灰白色且不粘手时，取出稍晾即为烫面；将白糖100g用温水250g化成糖水；香兰素用凉水5g溶解。

（2）把鸡蛋磕入碗内搅匀，分3~4次加入晾温的烫面中，每加上一个蛋液，就搅拌一次，在最后一次加蛋液时，同时加入奶油、糖水和香兰素液，搅拌均匀。

（3）锅内倒入花生油（也可用生菜油和牛油，但不宜用芝麻油和生抽，因为这两种油容易抵消奶油味），置旺火上烧到刚一冒烟时，即改用微火（并注意随时调节火力，勿使油温过高或过低）。这时将搅拌好的面团用手一块块地捏成40个均匀的小球，再用手按成直径5cm的圆饼，逐个下入油中炸。待圆饼膨胀起如球状并呈金黄色时捞出，沥去油，滚上白糖100g即成。

3.产品特点

呈圆球形，外裹一层白糖如挂一层霜，白中透黄，外焦内嫩，香气破郁，营养丰富，易于消化。

（九）油条

在日常生活中，特别是在早餐中，提起油条这种食品，可以说是家喻户晓。油条是我国传统的大众化食品之一，它不仅价格低廉，而且香脆可口，老少皆宜。

油条的历史非常悠久。我国古代的油条叫作"寒具"。唐朝诗人刘禹锡在一首关于寒具的诗中是这样描写油条的形状和制作过程的："纤手搓来玉数寻，碧油煎出嫩黄深；夜来春睡无轻重，压匾佳人缠臂金。"

1.油条起酥原理

制作油条的面团属于矾、碱、盐面团。由于此种面团反应特殊，所以在成熟工艺上受到一定的限制，一般只适宜于高温油炸方法，才能达到松软酥脆的特点。面团调制所掺入的明矾（白矾）、碱（纯碱）、盐（劲大的粗盐）在水的作用下产生的气体，使面团达到膨松。油炸前每两条上下叠好，用竹筷在中间压一下，当油条进入油锅，发泡剂受热产生气体，油条膨胀。两条面块之间的水蒸气和发泡气体不断溢出，热油不能接触到两条面块的结合部，使结合部的面块处于柔软的糊精状态，可不断膨胀，油条就愈来愈膨松。在膨松过程中，起主要作用的是明矾和纯碱，其反应式是：

$$KAl(SO_4)_2 \cdot 12H_2O + Na_2CO_3 + H_2O \rightarrow Al(OH)_3 + Na_2SO_4 + K_2SO_4 + CO_2 \uparrow + H_2O$$

2.原料配方

普通粉5 000g，食盐（冬季125g、夏季170g），明矾（冬季125g、夏季170g），

碱（冬季60g、春季70g、夏季85g），温水（冬季3 000g、夏季2 750g）。

3.制作方法

（1）制作面团　将矾、碱、盐按比例兑好，碾碎放入盆内，加入温水搅拌溶化，成乳状液，并生成大量的泡沫，且有响声，再加入面粉搅拌成雪花状，揣捣使其成为光滑柔软有筋力的面团，用温布或棉被盖好，醒20～30min，再揣捣一次，再叠面，如此3～4次，使面团产生气体，形成孔洞，达到柔顺。

（2）成型与熟制　案板上抹油，取面团1/5放在案板上，拖拉成长条，用小面杖擀成1cm厚、10cm宽的长条，再用刀剁成1.5cm宽的长条，将两条摞在一起，用竹筷顺长从中间压实、压紧，双手轻捏两头，旋转后拉成长30cm左右的长条，放入八成热的油锅中，边炸边翻动，使坯条鼓起来，丰满膨胀酥脆，呈金黄色即成。

4.操作要点

（1）和面时必须先将明矾、精盐、碱和水充分搅散后，再加入面粉，否则会出现松脆不一、口味不均的现象；和面时需按由低速到中速搅拌的顺序，这样才有利于面筋的形成。

（2）揣捣面团时，重叠次数不宜过多，以免筋力太强，用力不宜过猛，以免面筋断裂；制作好的面块需静置饧半小时后再进行出条，否则炸出的油条死板、不够酥软。另在叠制面块的过程中，如有气泡产生，应用牙签挑掉，不然炸出的油条外形不光滑。

（3）切好的条坯，应刷少许水再重叠按压，避免炸的过程中条坯粘接不牢而裂开，用手拉扯油条生坯时，用力要轻，用力过大会使条坯裂口或断筋。

油炸时油温以六七成热（约180℃）为宜，油温过低，油脂会很快浸透进面坯中，这样不仅使油条中间含油，还会使其膨胀度降低；而油温过高时，又很容易将油条炸焦炸糊。在油炸过程中，必须用筷子来回翻动，使其受热均匀，让油条变得膨胀松泡且色泽一致。

（十）油炸角仔

油炸角仔是广东传统油炸食品之一，入口酥香松脆，香甜可口。

1.原料配方

（1）皮料面粉50kg，砂糖7.5kg，猪油5kg。

（2）夹酥（油皮）面粉50kg，猪油25kg。

图5-10　炸角仔

（3）馅料砂糖100kg，花生40kg，芝麻10kg，椰蓉10kg。

2.工艺流程

皮、馅成型→油炸→包装

3.工艺要点

（1）皮主要由面粉、砂糖、猪油组成，包括水皮和油皮（夹酥），水皮含油量低，油皮含油量高。

（2）将水皮、油皮分别打成面团，然后切成每块0.5kg重，将油皮包在水皮中间，然后碾平。

（3）将碾平之后的皮继续碾薄，用印模印成一张张的皮。

（4）加入馅料，做成角仔粗坯，角仔呈饺子形状。

（5）将油温烧到180℃左右，倒入角仔进行油炸，同时上下翻动，使其均匀受热，炸到色泽金黄时出锅、晾干，晾干后的角仔冷却进行包装。

4.注意事项

（1）皮之所以要做成两层，主要是为了角仔酥松，内层用猪油和面粉拌和，含油量高，酥脆而有层次感。

（2）成型后要放置5～10min后再入锅炸制，这样才能减少"笑口"现象。

（3）油温应该控制好，油温太高炸出的角仔色泽深，油温太低又不易炸透。

（十一）油炸笑口枣

作为广东传统油炸食品之一，油炸笑口枣香甜酥脆，有浓郁的油炸芝麻香味。

1.原料配方

面粉44kg，砂糖21kg，猪油2.2kg，芝麻10kg，碳酸氢铵0.5kg，碳酸氢钠0.5kg。

2.工艺流程

配料混合→制备面团→搓揉成条→切粒上芝麻→油炸

3.操作要点

（1）按配方将各种原料混合均匀，制成面团，切成质量为1kg的面团，然后用手搓揉成条，再切成四段，继续揉搓成手指粗细的细长条。

（2）用刀切成0.8cm左右长的细粒，搓圆。

（3）稍微喷湿，然后加芝麻于其表面。

（4）调整好油温（160～180℃），入锅油炸，至其色泽金黄，"笑口"时出锅。

4.注意事项

（1）"笑口枣"的笑口现象，主要是利用发粉遇热产生气体，使面粒体积膨胀、开裂，形成"笑口"。

（2）笑口枣要求油炸后色泽金黄。

（十二）萨其马

萨其马是满族的一种食物，清代关外三陵祭祀的祭品之一，原意是"狗奶子"蘸糖将面条炸熟后，用糖混合成小块。萨其马是北京著名京式四季糕点之一。过去在北京亦曾写作"沙其马""赛利马"等。萨其马以其色泽米黄，口感酥松绵软，香甜可口，桂花蜂蜜香味浓郁的特点，赢得人们的喜爱。

1.原料配方

面粉500g，鸡蛋300g，碳酸氢钠3g，水30g，白砂糖400g，植物油300g，桂花25g。

饰面料：面粉60g，芝麻30g，瓜子仁30g，青梅30g，葡萄干30g，青红丝适量，碳酸氢钠少许。

图5-11 萨其马

2.操作要点

（1）鸡蛋加水搅打均匀，加入面粉，揉成面团。面团静置半小时后，用刀切成薄片，再切成小细条，筛掉浮面。

（2）花生油烧至120℃，放入细条面，炸至黄白色时捞出沥净油。

（3）将砂糖和水放入锅中烧开，加入怡糖、蜂蜜和桂花熬制到117℃左右，可用手指拔出单丝即可。

（4）将炸好的细条面拌上一层糖浆；框内铺上一层芝麻仁，将面条倒入木框铺平，撒上一些果料，然后用刀切成型，晾凉即成。

（5）锅内花生油用微火烧至八成热，将卷圈下入油锅中炸约1min，待其呈金黄色时捞出即成。

三、油炸食品加工常见问题及解决方法

（一）采用传统油炸工艺炸制食品时的常见问题

1.持续的高温状态会使食品产生不良的味道，并使油变黑

油炸过程中，全部的油均处于持续的高温状态，当食品所释放的水分和氧气同油接触时，油便会氧化生成羰基化合物、酮基酸、环氧酸等物质，这些物质均会使食品产生不良的味道，并使油变黑。随着油使用时间的延长，在无氧状态

下，油分子会与各种产物聚合生成环状化合物及高分子聚合物，使油的黏度上升，降低油的传热系数，增加食品的持油率，影响食品的质量与安全性。

2.食物碎屑会使油炸食品质量劣化

（1）油炸过程中产生的食物碎屑，会慢慢积存于油炸器的底部，时间一长就会被炸成炭屑，使油变污油，特别是在反复炸制腌肉类食品时还会生成一种名为亚硝基吡啶的致癌物。同时食物残渣附着于油炸食品的表面，会使油炸食品质量劣化。油在高温条件下被反复使用，不饱和脂肪酸会产生热氧化反应，生成过氧化物，直接妨碍机体对食品脂肪和蛋白质的吸收，降低其营养效价。而且油的某些分解产物会在不断的聚合、分解过程中，产生许多种毒性不尽相同的油脂聚合物，如环状单聚体、二聚体及多聚体，这些物质在人体内达到一定的含量会导致神经麻痹，甚至危及人的生命。

（2）注意油炸温度的选择　油炸温度的选择主要从经济和产品的要求来考虑，油温高，油炸时间可以缩短，产量提高，但油温高会加速油的变质，使油变黑、黏度升高，这就不得不经常更换炸油，使成本增高。另外油温度高，食品中的水分蒸发剧烈，导致油的飞溅，而增加油的损耗。一般油炸谷类休闲食品以160～240℃为宜，如果炸制的目的在于干制，则宜采用较低的油温，有利于水分蒸发，产品表面色泽也较浅。

（3）炸制时间的控制　炸制时间应根据食品种类的不同而适当掌握，油炸时应充分考虑到食品的原料性质、块形大小及受热面积等因素。炸制时间长，易使制品色泽过深或变焦；炸制时间短，易使制品色泽浅淡，甚至不熟。

（4）油和待炸半成品的比例关系　炸制时如果把待炸坯料一次大量投入油炸容器内，油温会迅速降低。为了恢复油温就要加大火力，势必造成延长油炸时间、影响制品质量。在实际生产中应根据制品品种、炸制容器、加热方式以及产量等因素来适当调整油脂和待炸坯料的比例。

（5）炸油的选择、补存和更换　油脂的组成直接影响着炸油及油炸食品的质量。炸油应具有起酥性能好，氧化稳定性高，炸制时不易变质，使炸制食品具有较长货架寿命等性质，一般要求其氧化稳定性AOM值在100h以上。油炸时，由于食品吸油、油的飞溅生成了挥发物和聚合物等原因，炸油的数量不断减少，应不断补存新油继续油炸。从已炸过的陈油完全被更换成新鲜油所需的时间（h），换算成每小时加入的新鲜油的百分数，叫作油的循环速度。油的循环速度越大，表示每小时补存的新油越多，油脂的热劣变程度就越轻，一般油的循环速度在12.5%以上时，炸油变质较轻。

（二）油炸食品与人体健康

2002年瑞典国家食品局（NFA）和斯德哥尔摩大学的科学家公布的研究结果表明，面包、油炸薯条、马铃薯片等淀粉、碳水化合物含量高的食品，经120℃以上高温长时间烘烤、油炸后，检测出对人体有潜在致癌性的丙烯酰胺（acrylamide，ACR），随即引起了世界各国食品业界的广泛关注。继瑞典科学家公布了研究结果之后，挪威、瑞士、英国、美国、加拿大、澳大利亚、日本等国也分别进行了研究并公布了相似的检测结果，从而使瑞典科学家的研究结果得到了确认。

1.丙烯酰胺

丙烯酰胺（acrylamide，ACR），别名propenamide、ethylene carboxamide、acry-licamide和vinyl amide；CAS登记号7920621。ACR是一种有毒化合物，可导致细胞遗传物质DNA的损伤。虽然还没有流行病学的数据表明ACR对人类也具有致癌性，动物试验和细胞试验都证明了ACR可导致遗传物质的改变和癌症的发生，并不能排除其对人类致癌的可能性，因此国际癌症机构（IARC）将ACJR列为"人类可能的致癌物"。因此食品中丙烯酰胺的问题已引起世界范围的重视。

丙烯酰胺是相当活泼的化合物，分子中含有氨基和双键两个活性中心，其中的氨基具有脂肪胺的反应特点，可以发生羟基化反应、水解反应和霍夫曼反应；双键则可以发生迈克尔型加成反应。丙烯酰胺固体在室温下可以稳定存在，但熔融时或暴露在紫外光下以及与氧化剂接触时可以进行游离型聚合反应，产生高分子聚合物聚丙烯酰胺。它还可以与丙烯酸、丙烯酸盐等化合物发生共聚反应。当丙烯酰胺加热分解时，会释放出辛辣刺激的烟雾和氮氧化物（NOx）与P_2O_5进行脱水反应时会生成丙烯腈。

2.丙烯酰胺的毒性及危险性评价

作为一种广泛应用的化工原料，已有大量资料证明丙烯酰胺为致癌性物质，并能引起神经损伤，具有中等毒性。常人每天允许的最大摄入量不超过0.05μg/kg，鼠一次口服LD500.7g/kg。皮肤接触可致中毒，症状为红斑、脱皮、眩晕、动作机能失调、四肢无力等。在食品中检测出丙烯酰胺之前，饮水和吸烟是人们已知的获取丙烯酰胺的主要途径。世界卫生组织和欧盟曾分别规定饮水中丙烯酰胺限量值为0.5μg/L和0.lpg/L，该数据可为食品中丙烯酰胺危险度评价提供参考。

危险度评价是在综合分析人群流行病学调查、毒理学试验、环境监测和健康监护等多方面研究资料的基础上，对化学毒物损害人类健康的潜在能力做定性和定量的评估，对评价过程中存在的不确定性进行描述与分析，进而判断损害可能发生的概率和严重程度，一般由危害认定、剂量—反应关系评价、接触评定和危险度特征分析4个部分组成。根据目前的研究进展，对丙烯酰胺作确切的危险度评价还比较困难，其一是检测数据的有效性和分析方法的质量存在疑义，其二是无充足的流行病学资料以获得其相对危险度。

3.油炸食品对人体健康的危害

虽然油炸食品酥脆可口、香气扑鼻，能增进食欲，但自2002年瑞典国家食品局（NFA）和斯德哥尔摩大学的科学家公布了面包、油炸薯条、马铃薯片等淀粉、碳水化合物含量高的食品，经120℃以上高温长时间烘烤、油炸后，检测出对人体有潜在致癌性的丙烯酰胺之后，丙烯酰胺似乎就与油炸食品捆绑在一起，成了人们食用油炸制品最大的担心。油炸食品对人体健康到底危害如何呢？

油炸是最古老的烹调方法之一，它可以杀灭食品中的细菌、延长食品的保存期、改善食品的风味，并且其加工时间也比一般的烹调方法短，酥脆可口、香气扑鼻，能增进食欲，因此油炸食品在国内外都备受人们的喜爱。然而油炸食物脂肪含量多又不易消化，所以常吃油炸食物会引起消化不良，饱食后出现胸口肿胀、恶心、呕吐、腹泻、食欲不振等。常吃油炸食物使脂肪的摄入量增多，能量摄入超标，不但容易发胖，更容易导致高血脂、高血糖，对心脑血管病患者更为不利。常吃油炸食品，由于缺乏维生素和水分，容易上火、便秘。

另外，油炸食品含油脂高，还会刺激胃肠黏膜，诱发胆道痉挛，所以患胃肠道疾病、肝病、胆囊炎和胆结石的病人都不宜大量食用。

油炸食品在高温油炸过程中，会破坏食物中的营养素，高温使蛋白质炸焦变质而降低营养价值，脂肪中的不饱和脂肪酸发生分解，进而失水，相互聚合，产生具有强烈刺激性的胶状聚合物，难以被人体消化吸收。高温还会破坏食物中的维生素，妨碍人体对它们的吸收和利用。

4.正确对待油炸食品

有关食品中丙烯酰胺的含量与加工烹调方式、温度、时间、水分等有关。因此不同食品加工方式和条件不同，其形成丙烯酰胺的量亦有很大不同，即使不同批次生产出的相同食品，其丙烯酰胺含量也有很大差异。许多食品都或多或少地含有丙烯酰胺。丙烯酰胺为致癌物质，这一发现无疑给人们带来了新的恐慌，因为以往尚无人怀疑自己每天吃的食物中含有这种强致癌物质。许多研究者称，虽然世界卫生组织（WTO）和联合国粮食与农业组织（FAO）都对此给予了高度重视，但没有一位专家肯定地告诫人们哪些食品丙烯酰胺含量高，应立即停止食用。况且有关丙烯酰胺危险的证据，主要来自动物（大鼠和小鼠）的实验结果，不能直接用于人类，仅凭有限的动物试验就下一个轰动性的结论，还为时过早。迄今，有关专家只分析了200余种食品，同时，还很难确定食用多少量的丙烯酰胺对人才会有危险。目前的相关报道也特别强调淀粉类食品，油煎、烤箱烘焙、油炸马铃薯和谷类制品等的限制条件。因此有关专家认为，人们没有理由对此过度恐慌。

大量的研究结果表明，丙烯酰胺为潜在性致癌物质，其危害较大，对动物来说是一种致癌物，对人来说也可能是致癌物。因此就降低丙烯酰胺摄入量而言，建议人们少吃煎炸和烘烤食品，少食类似炸马铃薯条之类的西式快餐以及含糖量高的食品，多食新鲜蔬菜和水果。任何食物都有各自的优点，像油炸食品，酥脆可口、喷香味浓，但是吃多了，自然会带来负面的影响。要做到"饮食多样化""没有不合理的食物，只有不合理的膳食"。既然知道了油炸食品的不健康之处，在生活当中就应该注意调节，避免长期食用即可。关键是需要在口味和健康之间找到一个平衡，如果控制好食用量，则既不影响健康，又不会错过美味。

第四节 杂粮食品加工

一、杂粮面条加工工艺

（一）杂粮面条类制品的成型机理

制取面条制品的原料均应是按设定配方混合而成的配合粉，其中以某一种杂粮的精制粉和膨化粉为主料（占75%以上），并辅以谷蛋白粉和微量增稠剂。以这些为必需的主要成分，其他尚可根据需要添加变性淀粉或高筋粉。

某一杂粮的精制和膨化粉是生产杂粮面条的两种主要成分。成型中膨化粉起着独特的重要作用，由于它能溶于冷水，水溶性好，黏结力强，有助于成品成型不浑汤，不断条。膨化粉和精制粉能够起到相辅相成的作用，前者黏性大，含量过高会导致操作困难，后者没黏性，可起到调和作用。只有两者按适当比例成型才能顺利进行。膨化粉的另一重要作用在于它能够全面、完整地体现自身杂粮的固有性质，不仅如此，它还能改善原有的口味口感，赋予新的风味。膨化粉加工成本低廉，工艺设备简单，又不造成环境污染，易于普及应用。

添加谷蛋白粉。谷蛋白粉营养丰富，风味独特，筋力强，粘

图5-12　杂粮面条

连性好，成型中它是必不可少的成分，具有举足轻重的作用。只靠膨化粉的黏结力还不够，必须有谷蛋白粉的参与和辅助，发挥两者的协同效应。

添加增稠剂。天然食品添加剂海藻酸钠或黄原胶，需要添加其中之一，它们的黏结力强，胶束长，网络结构好，效果明显。

利用原料粉粉粒直径大小的差异，大的颗粒直接将直径小的颗粒包裹住，具有黏性的将不具黏性的颗粒包裹住，以形成网络结构。一般谷蛋白粉、各类杂粮膨化粉的直径为80目，而各类杂粮精制粉的直径加工成120～160目，这样前者即可将后者包裹起来。

添加适量的高筋粉（含面筋36%以上的小麦粉）以增加筋力，同时也可改善口味口感。

添加适量食用变性淀粉以提高黏结力。

添加适量的食盐和碱，这不仅可以增加筋力、韧性、弹性，提高爽滑口感，而且可改善制品的风味。

添加适量的乳化剂和食用植物油，利用它们的乳化和分散作用，使粉体中各组分之间更加均匀贴合，浑然一体。

总之，配方设计要综合平衡，从产品定位、筋度、口味、成本、营养等要素进行综合分析，使之处于最佳组合，从而确定最佳配方。

（二）杂粮面条类制品的基本配方

1.以某一杂粮为主要原料的面条制品基本配方：

（1）杂粮粉70%～80%，其中精制粉40%～50%，膨化粉30%～35%；（2）谷蛋白粉7%～9%；（3）高筋粉5%～15%；（4）变性淀粉2%；（5）海藻酸钠（或黄原胶）0.2%～0.25%；（6）氯化钙0.15%～0.25%；（7）乳化剂0.3%～0.6%；（8）食盐0.8%～1.2%；（9）碱0.1%～0.3%；（10）食用植物油1.5%～2.0%。

上述前六项为必需成分，后四项可按需使用。

2.以某种杂粮为主要原料，添加大豆粉或薯全粉的营养型面条制品的基本配方：

（1）杂粮粉65%～75%，其中精制粉35%～45%，膨化粉25%～35%；（2）谷蛋白粉7%～9%；（3）高筋粉10%～15%；（4）大豆粉（或薯全粉）5%～10%；（5）变性淀粉2%；（6）海藻酸钠0.2%～0.3%；（7）氯化钙0.16%～0.25%；（8）乳化剂0.3%～0.6%；（9）食盐0.8%～1.2%；（10）碱0.1%～0.3%　（pH7.5～8）；（11）食用植物油1.5%～2.0%。

上述前七项为必需成分，后四项可按需使用。

（三）杂粮面条类制品的生产工艺流程和操作要点

1.工艺流程

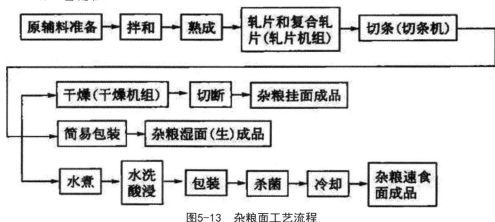

图5-13　杂粮面工艺流程

2.操作要点

这里所述的是切条各工序的操作要点，其后各工序将在有关产品中具体阐述。从以上工艺流程可以清楚地看出，这3种成品切条前的工序是完全相同的，其操作要点如下。

（1）原辅料准备：配方中各组分的原料粉事先要做好充分准备，大多数都要自行制备，按质量标准验收、记录入册，少数采购的辅料添加剂也要经过复查核对，确保质量符合要求。如果是以面条粉为原料进行生产，对原料粉的各技术参数应了解清楚，并进行必要的检验复核，做好记录。由于原辅料添加剂种类较多，性能各异，保管储藏特点不同于单一品种，要做到标签标记清楚牢固，放置有序，且防潮防湿，随时密封袋口。

（2）拌和：拌和的目的是原料粉加入适量的水和其他辅料后经过一段时间的搅拌，使水分渗透到粉粒内部，使谷蛋白粉中所含非水溶性蛋白质吸水膨胀，逐步形成具有韧性、黏性、延伸性和可塑性的粉料，为压片、切条成型准备条件。理想的和面效果应该是料坯呈散豆腐渣状的松散颗粒，干湿均匀，不含生粉，使面条具有一定的韧性，具有光泽；手握成团，轻揉易散。达到这种程度，才能使操作中面皮不黏辊，有较强的结合力，减少酥脆断条，拌和时间一般为5～10min。

（3）影响和面效果的有关因素一是加水量，加水量因粉体类别而略有差别。加水量过多，面团流动性高，给压面带来困难，干燥时要消耗过多的热能；加水量过少，面筋不能充分水化，影响面筋网络结构。实际加水量应为一般干粉重量的27%～31%。面筋含量高或含水量低的原料粉，应多加一点水，反之则加少一点。加水量要求一次加准，加足，最好不要在和面中途加水，也不要中途加粉。二是水的质量，生产应使用软水，硬度不得超过10度，pH在7.0±0.2之内。如果使用硬水，其中的金属离子如钙、铁、镁、锰等与蛋白质结合会使面筋失去延伸性，与淀粉结合会使面制品变色，而且不利于保存。三是断头粉的加入，断头粉的面筋质部分变性及受到不同程度的污染，酸度增加，若用水浸泡，很难形成面筋组织，重新粉碎后其粗细度也较大，因此若这种断头粉加入过多，会损伤面筋组织，影响和面效果和产品质量。干断头粉浸泡时间要掌握好，时间过长，就会变酸变质，浸泡的面头要达到手搓无硬心。湿面头粉因其仍保持一定的韧性和延伸性，面筋组织未受损伤，应及时做回笼处理。一次加入量不得超过总量的15%。除上述工艺因素外，和面效果的好坏亦与粉料的粗细度、筋力、生产季节、面筋含量等有关。

（4）熟成：经过拌和的面团，须经过熟成工序。所谓熟成是把拌和的湿粉放置一段时间，促进水分子最大限度地渗透到原料粉分子内部，水分趋于均匀，对面团起"调质作用"，进一步水合作用形成网络组织，改善面团的工艺性质。熟成的技术参数如下。①熟成时间一般为15~20min。②熟成方式一是静态下进行，即静止放置，可以在拌粉机内进行，可以移至特定容器，也可以在常用熟化机中进行，因此熟化机容量应大于拌粉机或用卧式熟化机；二是低速搅拌，一般立式（盘式）熟化机的速度为0.6m/S（10r/min），卧式熟化机可稍快些，但一般采用立式熟化机较好。上述两种方式以第一种方式效果较好，即静止放置熟成。

（5）压片和复合：压片杂粮面条制品的组成成分中均含有某一杂粮的膨化粉，且它为主要成分，比例一般占30%。由于膨化粉结构疏散，颗粒膨松，与其他粉料混合后不易黏合，难以密实，整体性差，所以在工艺上必须采取相应措施。大量实践证实，压片和复合可使面条制品结构紧密，质地软韧，富有弹性，不断条，不浑汤，在实际生产中，对原有压面机线只要添加两台上设转轴的支架就可以了，既可继续生产小麦粉面制品，又可生产杂粮类面制品。这里先将一般压片工艺做些简要介绍，以便对照比较。

具体的要求为面片的厚薄和色泽均匀，平整光滑，无破边、破洞和气泡，具有足够的韧性和强度。面片每经过一道压辊就被压制一次，组织结构被紧密一次。

压片的目的是把经过拌和及熟成的"熟粉"，通过压片机初压成两片面片，再通过两道压辊将两片面片复合延压。在反复压片和复合压片过程中，进一步组成细密的面筋网络结构，从而提高面片的内在质量，最后通过切面机把面片纵横切成面条，为下一步悬挂干燥创造条件。如压片、切条效果良好，则面片和面条光滑、整齐、厚薄均匀，柔软有韧性，切条和排杆断条少。

（四）杂粮速食湿面的加工工艺

杂粮速食湿面是将切成的面条不经干燥而是通过水煮、酸浸、包装杀菌等一系列工序制作而成。它外观光洁、弹性好、筋力强、耐咀嚼、滑润爽口、营养丰富，既有传统新鲜水煮面的特性，又有手工拉面的口味口感，食用方便，开水冲泡即可。另外它吃法也多，如蒸制、凉拌、烹炒、汤煮均可。它不含任何防腐剂，不脱水，卫生、清洁且保质期也较长，携带储存方便，在自然条件下可保存6个月，是居家旅游的理想食品。

1.杂粮速食湿面的基本配方

（1）杂粮精制粉37%～43%；（2）杂粮膨化粉28%～32%；（3）谷蛋白粉7%～11%；（4）高筋粉16%～20%；（5）变性淀粉2%；（6）海藻酸钠0.3%～0.4%；（7）氯化钙0.2%～0.3%。

上述配方中前两项，一般为同一杂粮品种，并以该杂粮作为产品品名，如玉米速食湿面、马铃薯速食湿面等。上述配合粉的加工品质近似中筋小麦粉，一般辅料的添加品种、添加量和添加方法，可比照小麦粉处理。

2.杂粮湿面的加工工艺

（1）工艺流程

图5-14　杂粮湿面加工工艺流程

（2）操作要点

原辅料准备：辅料除基本配方所述外，尚需添加食盐1.1%～1.3%（质量比，下同）、植物油2%～3%、碱0.2%～0.3%、乳化剂0.4%～0.5%。拌和辅料进入和面机后加水搅拌，加水量30%～32%，一般拌和10～15min左右，速度60～70r/min，温度20～30℃。

熟成：熟成的目的是使所有粉料都能充分吸水膨润。熟成的方法是静止放置，可仍留在拌粉机内，也可移至别处，熟成时间15～20min。

重复拌和：熟成完成后，再搅拌2～3min，使水分子与粉粒进一步接触，充分浸润，使面筋和其他韧性物质最大限度地扩展而形成网络结构。

压片：经过辊压使面团形成组织致密、互相粘连、韧性较强的面片。

复合延压：由于膨化粉的结构松散，不经多次复合，产品质量就很差，因此一定要经过7~8次复合延压。所谓复合，是将面片与面片重叠后进行延压。

切条：用切条机将完成复合压片的面片切成面条。

水煮：面条切出后进入有汽吹装置的煮锅，水强烈沸腾，使面条在面框内分散翻转。煮条须充分，不粘条，不夹生，使淀粉充分糊化，蛋白变性，形成良好口感。煮面时间8~9min，煮锅温度96~98℃。

水洗酸浸：煮出的面条经冷水快速冲洗，除去表面的淀粉糊等黏附物，同时使面条表面冷却收缩，黏弹性进一步加强，外观光洁、口感滑爽。接着进入pH值4.2以下的酸浸池，酸浸50s，在这个条件下，微生物已很难存活，再经杀菌，面条即可长期保存不变质。

杀菌：为了延长保质期，必须对面条进行杀菌处理。采用蒸煮袋完全包装面条的方式，通过蒸煮加热杀菌，温度为92~95℃，时间约40min，从而使湿面条能储存6个月以上不变质。

冷却：杀菌后的面条采用风冷的方式冷却至室温，冷却时间约40min，加入汤料包，密封装箱。

二、杂粮馒头加工工艺

馒头是我国特有的主食品，深受城乡居民的喜爱。一般馒头都以小麦粉为原料，如能以杂粮为原料制成各类馒头产品，不仅风味独特，营养价值高，而且食味口感也很好，可以满足不同人群、不同层次的多种需求，因此它在杂粮主食品开发中占有重要位置。

图5-15　杂粮馒头

（一）生产中原料粉筋力的设定和增稠剂用量的计算

杂粮制取馒头、面包等发酵类制品的成型原理与上述面条类是相同的，两者对原料粉调制的面团都要求具有粘连性、韧性、网络结构，且要能达到一定的筋力。两者对原料粉的工艺处理也是完全相同的。

这项工艺处理最主要的依靠是添加增稠剂，这里所说的增稠剂是广义的，包括杂粮膨化粉、谷蛋白粉、变性淀粉及海藻酸钠（黄原胶）四项。杂粮膨化粉、谷蛋白粉之所以也列入增稠剂，是因为它们的功能和效果与变性淀粉、海藻酸钠（黄原胶）很相似，四者具有共同的性质，能产生叠加作用和协同效应，能做到优势互补。

增稠剂的性质主要有以下五方面：一是增稠剂随浓度增加而黏度增加。二是增稠剂黏度随搅拌加工、传输手段而变化。三是增稠剂的协同效应。有时单独使用往往不理想，必须与其他增稠剂复合使用，可以发挥协同效应。四是增稠剂的叠加作用。增稠剂之间会产生一种黏度叠加效应，这种叠加可以是增效的。五是增稠剂的凝胶作用。当体系中的特定分子结构浓度达到一定值，而体系的组成也达到一定要求时，体系可形成凝胶。

粉料的黏结力、筋力、形成网络结构而产生的成孔持气力可以做如下换算。以优质高筋粉为标准进行计算，优质高筋粉面筋含量为42%，面筋与谷蛋白粉折算比例为3:1，即3kg面筋可提取1kg谷蛋白粉（42÷3=14），也就是说，设计要求达到这一标准的某一原料粉，其谷蛋白粉含量应为14%。同理，以一般高筋粉为标准制成的配合粉，其谷蛋白粉含量应为12%（36%÷3），若按中筋粉和低筋粉为标准折算谷蛋白粉含量应分别为10%（30%÷3）和8%（24%÷3）。

上述是指全部只添加谷蛋白粉，添加量为8%～14%，有的产品如制作面包是需要这样做的，添加量高达15%。但是实际生产中不可能都是这样全部添加谷蛋白粉，更多的是使用膨化粉、变性淀粉、海藻酸钠（黄原胶）等增稠剂进行配方组合。随着谷蛋白粉添加量的减少，其余三项增稠剂就得相应增加，按一般配方，谷蛋白粉的添加量为3%～15%。实际生产常以谷蛋白粉为中心进行配方设计，根据谷蛋白粉减少的比例调整其余三者的投放量。在一定条件下，按生产实际，这四项增稠剂中只用其中一项、两项或三项都是可行的。一般配方中海藻酸钠（黄原胶）用量为0.2%～1.0%（质量比），这时粉体筋力提高占总量的5%～15%；变性淀粉一般用量2%～10%（质量比），粉体筋力提高能约5%～20%；膨化粉用量通常较大，占15%～40%（质量比），筋力约可提高10%～35%。谷蛋白粉用量一般为3%～15%，筋力可提高20%～95%。如上所述增稠剂的筋力随着用量的增大而增大。配方设计中增稠剂的类别和用量要依据各自特点和生产实际进行综合平衡，求得最佳组合，同时要先经试验试产然后再筛选定型。

（二）杂粮馒头的基本配方

1.配方：

杂粮粉70%～80%（其中精制粉占45%～55%，膨化粉23%～27%）；谷蛋白粉7%～9%；薯全粉或薯淀粉6%～10%；变性淀粉2%；活性大豆粉6%～8%；海藻酸钠0.3%～0.4%；氯化钙0.2%～0.3%。

上述配方营养成分每100g含热量1600kJ，蛋白质16.4g，脂肪7.9g，碳水化合物61.2g，钙124.7mg，磷327.5mg，铁4.5mg，胡萝卜素0.19mg，硫胺素0.49mg，核黄素0.14mg，烟酸2.3mg，水分8g。

此外还含有纤维素、谷胱甘肽、卵磷脂、谷固醇、镁、维生素B_2、维生素E、维生素A等。

2.说明：

在开发以杂粮为原料的新产品加工工艺中，最重要的是配方的合理性。实践证明上述配方的制成品松软柔韧，口味纯正，口感细腻，香味浓郁。

馒头粉和自发粉的基本配方是相同的，不同的是后者另外再加生物膨松剂，也可以同时再加化学膨松剂以提高发酵效果。

杂粮粉包括杂粮制成的精制粉、冻结粉、水磨粉、薯全粉以及让各杂粮起粘连作用的膨化粉等。

（三）杂粮馒头粉的生产工艺

1.生产工艺流程

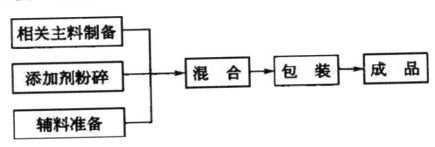

图5-16　杂粮馒头粉加工工艺流程

2.操作要点

（1）对混合粉中各组分按设定配方，投料前须反复核对，正确称量，做到准确无误。

（2）对增稠剂海藻酸钠或黄原胶，事先要用锤片式粉碎机粉碎成70目细粉。

（3）氧化钙要含结晶水，拌前粉碎至70目，并应做到随用随粉碎随混合。混合工序应选用高质量的混合机，避免采用一般拌粉机。

（4）混合过程要尽量减少环节，最大限度地减少与空气、工具、人手的接触，保持清洁，严防杂菌污染，这是混合作业必须注意的一个重要环节。

（5）包装袋要密封。

（四）杂粮馒头自发粉的制作

使用自发粉制取馒头，会把食用杂粮馒头这样一件看似并不方便的事情变得非常方便、简单。据分析，自发粉的市场需求量十分巨大，生产馒头粉有必要同时考虑设计生产杂粮馒头自发粉。自发粉的生产与上述馒头粉的生产是完全相同的，只不过添加了膨松剂。膨松剂分两大类：一是生物膨松剂，即活性高糖干酵母，另一类是化学添加剂，即碱剂加酸剂的复合膨松剂。

在制取杂粮馒头自发粉时可以有两种选择。一是只投放生物膨松剂，用量为

1%～2%，干酵母质量好，发酵效果是很可靠的。二是既用干酵母，同时又添加化学膨松剂，起发效果更好更可靠。化学膨松剂用量为0.3%～0.7%。现分述如下。

1.添加干酵母

即添加市售高糖活性干酵母，添加量为粉料总量的1.0%～1.5%，自发粉的保质期在包装密封条件下为6～8个月。必须严格核对干酵母保质期，两者应同步一致。

2.添加复合膨松剂

复合膨松剂是由碱剂、酸剂与填充剂配合组成的。加水受热过程中碱剂与酸剂发生中和反应，放出二氧化碳气体，制成品中不含残留性物质，因而不影响产品质量，在使用时还需考虑其价格等因素，一般在高档产品中使用较多。

（五）杂粮馒头制品的制作见第二章 馒头生产加工技术

三、杂粮速食米加工工艺

以玉米、小米、高粱、荞麦、燕麦、黍米、稷米等为原料，可以分别制取口味营养各异的各类速食米。食用时只要用开水冲泡或稍加煮制即可成粥成饭，十分方便。杂粮速食米因含水量低，易于储存、携带，且不含任何化学合成添加剂，质地纯净，原汁原味，而色泽鲜艳，口味纯正，口感软糯，营养丰富，易于消化，是一种多层次人士需要的营养方便主食品。

（一）加工工艺方法

1.常压蒸煮法

这种工艺比较简单，基本上采用普通煮饭方法，将淘洗过的米粒浸泡到含水45%，在常压下蒸煮30min，使米粒充分糊化。水分增加到50%，经冷水冲洗离散，在80～120℃温度下干燥40～60min，达到8%的水分，冷却到室温，进行筛选和成品包装。这种速食米的多孔性差，复水时间长，一般用沸水多次浸泡，需20～30min，但有较好弹性和口味，能保持一定的新鲜度。

2.预热处理加工法

米粒先经100～150℃热空气沸腾状预热处理6～8min，使米粒部分失水，表面产生龟裂，然后再在85～95℃的热水中浸泡，使米粒水分增加30%左右，经常压蒸煮30min后冷水冲洗1～2min，使米粒离散，再上网带式干燥机，用140℃高温空气干燥，米粒的水分降到8%～10%，冷却、筛选包装。由于米粒开始就采用高温快速脱水，表面水分蒸发速度快于内部水分向外扩散速度，从而使米粒表面造成多孔结构。用这种工艺制作，米粒表面呈多孔性，复水性能较好，食用时只要用开水浸泡10min左右即能成为米饭。其缺点是复水后的米饭散落性大，缺乏新鲜米饭的黏弹性，口味稍差，营养成分流失较大。

3.高温膨化法

米粒经浸泡蒸煮、干燥后，含水分14%～18%，然后高温膨化，膨化温度为280～320℃，时间为12～15s，使其内部结构疏松。这种速食米，复水性能良好，用沸水浸泡5～7min即可，复水成饭，具有新鲜米饭的口味。

4.冷冻真空升华干燥法

将米粒经浸泡、蒸煮、离散后，采用冷冻真空升华干燥制得成品。常压下水100℃沸腾，若压力降低，则在低温也可沸腾蒸发，由冰直接蒸发为水蒸气，而使物料得到干燥。这种方法设备投资大，成本高，小规模不宜采用。

此外，速食米也可采用油炸法制作，已蒸熟的米饭放入油锅内煎炸、干燥，产品的孔隙度好，容易复水，但米饭含油量较高，容易氧化变质。为了防止油脂氧化，可采用氢化油或饱和度高的油煎炸，如棕榈油。还可采用微波干燥法，用这种方法制作，米粒多孔性好，复水快。

（二）冻结烘干法生产各类杂粮速食米的一般加工方法

1.工艺流程

原料→清理→脱皮→筛理→浸泡→拌入→蒸制→冻结→干燥→冷却→包装成品

2.操作要点

原料：制作杂粮速食米以谷类杂粮为原料，如玉米、高粱、荞麦、燕麦、小米、黍米、稷米等。

清理：即脱皮、筛理。各类杂粮根据自身的结构特点完成清理除杂和脱皮工序，其后对米粒进行筛理，通过10目筛和12目筛，前者筛去大颗粒，后者筛去小颗粒，取粒径10～12目。粒径小的杂粮可省去筛理工序。

浸泡：以浸泡渗透过心为准，一般的标准是手指挤压可成粉末。沥干，使其含水量为40%～45%。其中的14%为原料米原有水分，26%～31%为浸泡时渗入的水分，含水量少于40%会蒸煮不透，而含水量大于45%，则易发生粘连。

拌入：将添加剂拌入米粒。添加剂为：乳化剂0.2%～0.4%，油脂0.5%～1.2%，环状糊精0.2%～0.4%。

蒸制：将拌和后的米粒装于料盘，厚度约为4cm，同时将料盘装上料车。将上述料车推入高压锅内进行高压高温蒸煮，温度125℃左右，蒸煮时间约25min。

冻结：蒸煮后的物料用风机进行短时间冷风散热，使其温度降至室温，将散热后的料车推入速冻箱进行冻结。物料中心温度须达-18℃以下。

干燥：物料在常压条件下高温加热干燥，温度由低到高，开始解冻并初步干燥，温度由40～50℃，至70～90℃，最高不超过120℃。干燥后物料含水量达6%～8%。

冷却：冷却至室温。

四、薯类主食品加工工艺

按生产工艺可分为两大类。第一大类是干法生产的产品，是指以马铃薯、甘薯薯干为原料，制取它们的薯全粉和薯膨化粉，进而制成各种薯类食品；第二大类是湿法生产的产品，即以鲜薯磨浆或蒸煮熟化加工制成的食品。这里着重介绍以薯全粉、薯膨化粉作为基础原料，干法生产制成的薯类面条和馒头产品。

（一）马铃薯、甘薯面条类制品的加工工艺

1.以马铃薯、甘薯为主料主食型的基本配方

（1）马铃薯粉或甘薯粉70%～80%（其中薯全粉40%～45%，膨化粉占30%～35%）；（2）谷蛋白粉7%～9%；（3）高筋粉5%～15%（指面筋含量36%以上的小麦粉）；（4）变性淀粉2%（一般为淀粉磷酸钠、辛烯基琥珀酸淀粉钠或羟丙基淀粉醚）；（5）海藻酸钠（或黄原胶）0.2%～0.3%；（6）氯化钙0.15%～0.25%；（7）乳化剂0.3%～0.6%（一般为脂肪酸单甘油酯、蔗糖脂肪酸酯）；（8）食盐0.8%～1.2%；（9）碱0.1%～0.3%（一般为碳酸钠、碳酸钾或它们的混合物）。

上述前六项为必需成分，后三项可按需使用。

2.以马铃薯、甘薯为主料，添加大豆粉或玉米精制粉营养型的基本配方

（1）马铃薯粉或甘薯粉60%～70%，其中薯类精制粉30%～40%，膨化粉25%～35%；（2）谷蛋白粉7%～9%；（3）高筋粉10%～20%；（4）大豆粉5%～10%；（5）变性淀粉2%；（6）海藻酸钠0.2%～0.3%；（7）氯化钙0.15%～0.25%；（8）乳化剂0.3%～0.6%；（9）食盐0.8%～1.2%；（10）碱0.1%～0.3%。若以pH计，pH值为7.5～8.0。

上述前七项为必需成分，后三项可按需使用。

上述配方可用于制取挂面、湿面（生）、速食湿面等面条类产品。制取马铃薯、甘薯面条类制品的设备及其加工工艺与杂粮面条的制面设备及工艺是大致相同的，设备可以通用，既可以生产马铃薯、甘薯类，又可继续生产杂粮粉类，且需要增添的辅助工具和改动的工艺不多。因此，读者可参照杂粮面条类制品的生产工艺及设备生产马铃薯、甘薯面条类制品。

（二）马铃薯、甘薯馒头类制品的加工工艺

1.马铃薯、甘薯馒头粉、馒头自发粉的基本配方：

（1）马铃薯、甘薯粉65%～75%（其中薯全粉40%～45%，膨化粉23%～27%）；（2）谷蛋白粉7%～9%；（3）高筋粉11%～15%；（4）变性淀粉2%；（5）活性大豆粉6%～8%；（6）海藻酸钠（或黄原胶）0.3%～0.4%；（7）氯化钙0.2%～0.3%；

（8）乳化剂（单甘油酯或蔗糖酯）0.3%～0.4%；（9）食盐1.0%～1.2%。

2.制作要点

制作馒头时可以用上述前六项先行均匀拌和，后三项加水溶化后另行拌和；制作馒头粉及自发粉时只用前七项而不加入后两项。

海藻酸钠较难溶解于水，要提前2～4h进行溶化，且不能同时与氯化钙在一起溶解于水，因为在水中它们一接触就会凝固而无法拌入，必须一先一后地加入。

制作馒头在和面时，乳化剂和食盐要先溶解于水，然后再进行拌和。

馒头粉和自发粉的基本配方是相同的，所不同的是后者另外再加入生物膨松剂（活性高糖干酵母）。

拌入前，海藻酸钠或黄原胶要粉碎达70目。氯化钙须进行粉碎，而且要做到现粉碎现拌和。

上述配方可制取马铃薯、甘薯馒头类制品，包括馒头粉、馒头自发粉、馒头、包子、烙饼五种。马铃薯、甘薯馒头的生产工艺与杂粮馒头的加工工艺是大致相同的，设备可以通用，既可以生产马铃薯、甘薯类制品，又可继续生产杂粮类制品。需要增添的辅助工具和改动的工艺不多。因此读者可参照杂粮馒头类制品的生产工艺及设备生产马铃薯、甘薯馒头类制品。

五、杂粮食品加工常见问题及解决方法

杂粮食品在市场上常见的是以面包或馒头为主的加工食品，以面粉、酵母、杂粮、糖为主料，添加适量的辅料，经搅拌、发酵、成型、醒发、烘烤等工序制成的食品。这类食品含有大量的碳水化合物、蛋白质、脂肪、无机盐、维生素等营养物质，因此其织膨松、芳香可口、易于消化吸收；冷热皆可食用，携带方便，在人们生活中已占有重要位置，深受人们欢迎。目前我国杂粮食品制作存在技术差，成品寿命短，易老化等问题。根据对杂粮食品生产的调查了解，发现杂粮食品加工中常出现以下质量问题，现就其产生原因作出如下分析并提出相应的控制措施。

（一）杂粮食品体积过小的原因与面团内部组织粗糙的原因及其解决方法

1.酵母添加量不足或者是酵母活性受到抑制

解决方法：当酵母用量不足时，可适当地添加酵母用量，过多地使用盐或者糖使渗透压过高则会抑制酵母活性，糖、盐用量应控制在面粉用量的1%～2%之间，面团温度过高或过低，不适合酵母生长，面团中间的发酵理想温度为25～28℃，面团最后发酵温度以32～38℃为宜。

2.原料面粉筋力不足，不适合做杂粮食品

解决方法：改用高筋粉或在面粉中添加0.3%～0.5%的改良剂来增加面粉筋

力，改善面团的持气性。

3.搅拌时间过短或过长

解决方法：应严格控制面团的搅拌时间。搅拌不足时，面团发酵未完全，面筋打不起来；搅拌过度则会破坏面团的网络结构，使持气力降低。

4.原料面粉的品质不佳

解决方法：应使用面包粉或高筋粉，不用冻伤的小麦粉和虫蚀小麦粉。

5.水量添加不足或者水质不好

解决方法：加水量为小麦粉总量的50%～60%（包括液体原料的水分），粗粮面包生产用水应透明、无色、无臭、无异味、无有害微生物、无致病菌存在。在实际生产中，粗粮面包用水的pH值为5～6，水的硬度为2.9～4.3mmol/L（水温以8～12℃为宜），粗粮面包面团用水硬度不能太大，这是因为适量的矿物质存在有利于酵母生长繁殖，同时增强面筋筋力，用硬度过小的水会使面筋过分柔软，骨架松撒，面团黏性大，不利于操作且成品粗粮面包个体小，易"塌架"；而水的硬度过大，会降低面筋蛋白的吸水性，使面筋硬化，过度增强面筋的韧性，推迟发酵时间，不利于粗粮面包生产且生产出的面包口感粗糙干硬，易掉渣，品质不佳。

微酸性的水有利于酵母的发酵，适合粗粮面包生产，而酸度过大的水会使发酵速度过快，面筋过分软化，导致面团持气性差，影响成品体积，同时粗粮面包带酸味，口感不佳。

6.油脂添加量不足或品质不佳

解决方法：适当添加油脂的用量应不少于6%，生产粗粮面包所选适宜油脂的要求为可塑性范围广，易于同粗粮面包原料混合，并且在醒发中不易渗出，所以应选用起酥性和抗淀粉老化的油脂，这种油脂能在面团中形成薄膜状，并在烘烤过程中由于气体受热膨胀，可使粗粮面包心的蜂窝结构更为均匀细密且疏松，并长时间保持柔软状态。

（二）口感不佳的原因及其防治方法

1.原材料不佳

解决方法：应选用品质较好的新鲜原材料。

2.发酵时间过长或不足

解决方法：根据不同制品的要求，正确掌握发酵所需时间，若发酵的时间不足则无香味，发酵过度则产生酸味。

3.生产用具不清洁

解决方法：经常清洗生产用具。焙烤用具使用后，对附在用具上的油脂、糖膏、蛋糊、奶油等原料，应用热水立即冲洗并擦干，特别是直接接触熟制品的用具，要经常保持清洁和消毒状态，生熟食品的用具必须分开保存和使用，否则会造成污染。

（三）易老化的防治方法

解决方法：为了防止粗粮面包老化并提高粗粮面包质量可采取下列措施。在搅拌面团时应尽量提高吸水率，使面团柔软；采用高速搅拌，使面筋充分形成和扩展；尽可能采用二次发酵法或一次发酵法，而不采用快速发酵法，以使面团充分发酵成熟；严格控制发酵时间，发酵时间短或发酵不足会使粗粮面包老化速度快；烘烤过程中要注意控制温度。

第六章　主食加工机械与设备

第一节　原料调制机械设备

一、调粉混合机

（一）固定容器混合机

固定容器混合机的结构特点是：容器固定，旋转搅拌器装于容器内部，它以对流混合为主。

混合机理是：搅拌器把粉料从容器底移送到容器上部，下面形成的空间被因重力作用而运动的粉料所填补，并产生侧向运动，如此循环混合。这种机器适用于被混合的各种粉料物理性质差别及配比差别比较大的散料混合操作。

螺带混合机旋转搅拌器的转子呈螺带状的混合机称为螺带混合机。根据螺带的个数将螺带混合机分为单螺带混合机和多螺带混合机；根据螺带的安装位置可分为卧式螺带混合机、立式螺带混合机和斜式螺带混合机。

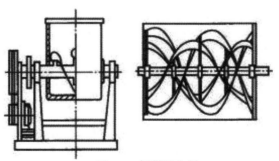

图6-1　螺带混合机

1.结构

型式如图6-1、图6-2所示，分别为螺带混合机和卧式双螺带混合机的基本结构，主要包括单螺带、双螺带、料斗、驱动装置等。

2.特点与应用

螺带混合机的混合作用较为柔和，产生的摩擦热很少，一般不需冷却。它除了作为一般混合设备外，还可作为冷却混合设备，用于冷却混合的螺带混

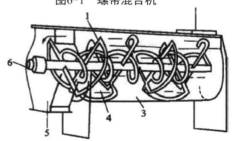

1-螺带；　2-进料口；3-混合室；

4-物料流动方向；5-出料口；6-驱动轴

图6-2卧式双螺带混合机

机的混合室要设有冷却夹套，用于粉状固体的混合以及低黏度的液体混合。

（二）立式螺杆式混合机

1.主要结构：如图6-3所示，包括垂直螺杆、料筒甩料板、进出料口、驱动装置等。

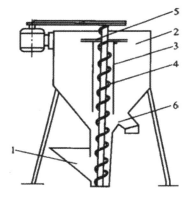

1-料斗；2-料筒；3-内套筒，

4-垂直螺杆；5-甩料板；6-出料口

图6-3　立式螺杆式混合机

2.原理：搅拌螺杆在容器内对中垂直安装。其运动仅为自身转动，将物料从容器底部提升到顶部，如此循环使物料混合。但由于在抛落物料的过程中，重颗粒比轻颗粒抛得远，易造成制品混合不均匀。

3.特点：配用动力小，占地面积少，一次装料量多，调批次数少，每批料混合时间长，腔内物料残留量较多。

二、旋转容器式混合机

这类混合机的共同特点是容器内没有搅拌工作部件，容器内的物料随着容器旋转方向，自下而上依靠物料本身的重力翻转运动以达到均匀混合的目的。旋转容器式混合机根据被混合物料的性质可分为以下4种类型。

（一）圆筒形混合机

1.主要结构：如图6-4所示，根据圆筒几何轴线与实际回转轴线的位置分为水平型和倾斜型两种。

2.特点与应用：水平型结构简单，运转平稳，但物料混合不均匀。倾斜型物料混合无死角，均匀度高，但是运转不平稳，安装要求高，结构较复杂。

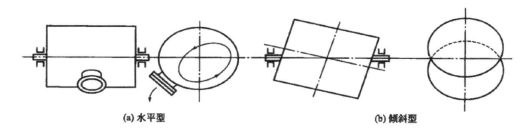

(a) 水平型　　　　　(b) 倾斜型

图6-4　圆筒形混合机

（二）双锥形混合机

1.主要结构

如图6-5所示，料筒锥角通常有90度和60度两种形式。转速一般为5~20r/min，混合时间为5~20min。装料量约为容器体积的50%~60%。

2.特点与应用

因其无死角且沿回转轴线结构对称，使得混合效率提高，混合时间短，混合效果好，因此应用较广泛。但是也存在结构较复杂，制造安装要求高等问题。

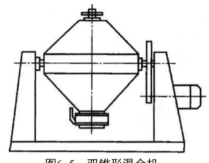

图6-5　双锥形混合机

（三）方形混合机

1.主要结构

如图6-6所示，容器为正立方体，立方体的对角线为旋转容器的轴线。

2.特点与应用

操作时，物料在容器内受到二维以上的重叠混合作用，没有混合死角，因而混合速度快且均匀，适用于咖啡等物料的混合。

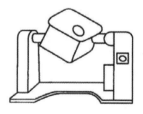

图6-6　方形混合机　　　　　　　图6-7　V形混合机

（四）V型混合机

1.主要结构

如图6-7所示。

2.工作原理

混合机一般用于粉体混合机和液体搅拌机不能加工的高黏度浆体或塑性固体的混合。通常由工作部件对物料先局部混合，进而达到整体混合，谓之混合、揉合或调和。混合机具有混合搅拌的功能，又有对物料造成挤压力、剪切力、折叠力等综合作用，因此混合机的捏合桨要格外坚固，能承受巨大的作用力，容器的壳体也要具有足够的强度和刚度。混合机理包括对流混合、扩散混合和剪切混合，通常这3种混合过程同时并存，但以剪切混合为主。

3.特点及应用

双臂混合机应用范围很广，处理的物料可以是液相、固相或固液两相，黏度在0.5～100Pa.s之间。已生产有各种规格，工作容积为2～2 800L，根据过程要求，可用夹套加热或冷却，也可在真空或加压的条件下进行操作。

在主食加工和面制品的加工中，混合机是多种原料面团制备的主要设备。如馒头、面条、方便面、面包等都是采用混合机来和面的。

第二节　成型机械设备

传统主食的成型加工利用了面团的良好塑性，制成了各种各样丰富多彩的具有浓郁地方特色的制品，但是由于其形状各异，采用机械方式还难于加工，因此多是手工制作，可以用于机械成型方法加工的主食制品主要包括馒头、饺子、面条等。

一、辊压成型机

按物料通过辊压辊的位置分卧式辊压机、立式辊压机。

按操作性质分间歇式辊压机（图6-8）、连续式辊压机。

图6-8　卧式辊压机

（一）主要结构

如图6-9所示，主要结构有上下压辊、传动齿轮、传动皮带轮、电机、间隙调整机构、机架等。

辊隙调整机构的调整方法：通过直线移动轴承的座调整法和通过偏心套调整法，最大调节范围为偏心距的2倍。

（二）工作原理

卧式辊压机上两滚筒在传动装置

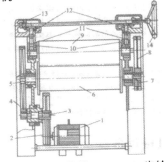

1-电机；2,3-带轮　4,5,7,8-齿轮；
6-下压辊；9-上压辊；10-上压辊轴承座螺母
11-升降螺杆；12,13-圆锥齿轮；14-调节手轮
图6-9　卧式辊压机结构图

带动下，互相对向旋转，将输送带输送来的面团带进滚筒间隙中辊压成有一定厚度的面带。转速：12～25r/min，间隙：0～20mm。

传动原理是压辊传动：电机→带轮传动→齿轮传动→下压辊→齿轮传动→上压棍。

间隙调整机构（丝杆螺母机构）调节手轮→圆锥齿轮传动→升降螺杆→上压辊轴承座螺母。

特点：结构简单，操作容易，当加入输送机构与成型机相连可组成自动饼干生产线。但单机使用时，面块的左右移动、切割、调向以及供给成型机等多为手工控制。

二、馒头成型机

（一）对辊式馒头成型机

1.结构

如图6-10，主要包括料斗、供料螺旋、成型螺旋、传动系统等。

2.工作原理

成型主要经过两个过程，即送面和辊压成型。料斗内面团在供面螺杆地推动下进入成型锥筒，由分块切刀对挤出的面筒进行定量切块，然后面块进入两个成型螺旋间，在成型辊旋转作用之下在轧辊间滚动搓挤并沿直线向出口移动，直至成型。撒干粉刷旋转撒粉保证成型过程中面团不黏合。

3.特点与应用

设备结构紧凑，稳定性好，成型准确，产量高，体积适中。该机出面锥套采用分节组合方式，可自由拆卸，清洗残余面团挺方便。成型机的动力传递齿轮采用封闭式传动，主机被外壳包围，安全可靠。整个设备维修操作较为方便。其送面揉搓采用双螺旋输送，推送压力大。成型机充分考虑了加工卫生，与面团接触

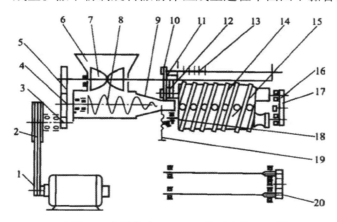

1-电机；2-皮带传动；3,4,5-传动齿轮；6-料斗；
7-供料叶轮；8-供面螺旋；9-锥形出料口；
10-支架；11,12,16,17,20-齿轮；13-撒干粉刷；
14,15—成型螺旋；18-轴承；19-分块切刀
图6-10 对辊式馒头成型机

的主要附件均采用不锈钢和铸铝合金，不容易生锈，其余零部件表面镀铬，但是螺旋轴制造精度要求高，加工难以保证，成型完整度差；设备的可调性差，定量精度差，很难保证面团的准确定量生产。螺旋输送容易造成面团变硬且设备的自清洁性较差。

（二）盘式馒头成型机

1.结构

如图6-11，螺旋挤出机构主要由料斗、面筒、出面锥筒、限位控制切刀螺旋送面轴等组成；成型机构由出面嘴、转动圆盘、成型模盘等组成；动力传动部分由电机、皮带轮、减速器、齿轮等组成；机架由支撑安装架、机壳等组成。

2.工作原理

首先面团由螺旋挤出器推挤至锥形出面嘴的出口处，从出口挤出的面团初步呈球状。在出口处设有限位开关和与其联动的切断刀片，当被挤出的球块状面团达到预定的大小时，限位开关的触头便接通电路，使切断刀片转动将面团切断并落入下边的搓圆圆盘的入口，由于圆盘始终以匀

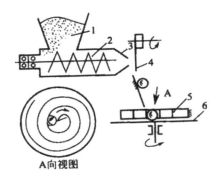

1-料斗；2-供面螺旋,3-锥形出口；
4-切刀；5-导轨；6-圆盘
图6-11　盘式馒头成型机原理示意图

速旋转，因此面块落在阿基米德蜗线形导向轨道内之后，由于离心力的作用，会边滚动边沿轨道移向出口。圆盘的表面附有高摩擦系数的材料以便加大面块与圆盘之间的摩擦力，因模板表面呈圆弧状，尺寸与面团形状接近，面团的顶侧、底部均受到一定的挤压和揉捏，故面团在上下、左右的摩擦力作用下，做向前的滚动及侧向的转动，不断地挤压和揉搓达到成型，可取得较好的搓圆效果。

3.特点与应用

成型准确、产量适中、大小可调；结构简洁紧凑，重心低，有好的稳定感，操作维修清理方便；与面团接触的零部件为铝合金铸件、镀铬等，较为卫生。但成型的面团不圆，不光洁，模板尚需改进，较难与生产线配套，面团质量调整较繁琐。该机外表处理简单，整个设置安排有些杂乱，敞开式布置，易于沾染灰尘，卫生状况不是太好；结构件加工处理简陋；整机结构组合不甚理想。

（三）刀切馒头成型机

刀切馒头成型机按照面点工艺要求制作的制品，确保了制品密度，且制品表面光亮细腻、口感滑爽，远远超过手工制作的产品。

1.主要结构

料斗、输面绞龙、内外面嘴、输送带、切刀、机架等。国内研制出的刀切馒头机见图6-12。

2.工作原理

用输面绞龙将面从出口挤出为圆柱状，然后用切刀将其切成刀切馒头。该机价格比较低，一般的客户能够接受，做成的刀切馒头质量接近手工制作。

图6-12　刀切馒头成型机外形示意图

3.特点与应用

主要机件均采用不锈钢，符合国家食品卫生标准。机器采用高品质微电脑控制，具有人性化的控制面板，使得控制准确可靠。5min即可自如操作，自动化程度高，定量准确，使其制品大小统一，馒头面带厚度、成型、切段大小，随意可调，一人、两人均可操作。结构合理，拆装维修容易，清洗方便。

这种机器工作效率相当于12~18个工人同时手工制作馒头，是真正的低投入、高收效，既节省投资，又可生产出通心面、麻花面、小田螺、贝壳形面、扁平面、细圆面、粗圆面等各种面食制品。

三、饺子成型机

饺子成型机的基本工作方式为灌肠式包馅和辊切式成型。

（一）主要结构

如图6-13所示，包括底辊、成型辊（模具）、面料斗、馅料斗、干粉斗、输面机构、输馅机构、传动系统、机架等。

（二）工作（传动）原理

面团经输面绞龙输送挤压成面管状，输馅机构通过滑片泵的作用将馅料注入面管，从而完成灌肠成型。包馅面管进入由底辊、成型辊组成的辊切成型机构，成型辊上的饺子凹模和底辊的相互作用，使含馅面管压出饺子的形状，

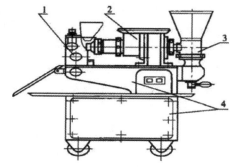

1-成型机构；2-输面机构；
3-输馅机构；4-机架
图6-13　饺子成型机外形图

然后被切断掉落于滑板上，完成饺子生坯的成型。另外，撒干粉装置保证成型中面团与成型机构的不粘连。

（三）特点

机构简单，操作容易，面馅均匀，价格竞争力强。但是生产率低，面皮厚度、硬度及外观和手工饺子还有距离。

四、面条成型机

我国是面条制品的故乡，面条从古至今都是广受大众欢迎的面食制品。随着成型技术、干燥技术的发展，面条制品已经发展为多品种、多工艺、多营养的现代工业化方便食品。

（一）主要结构

图6-14所示为一方便面面条加工生产线，包括压面、切条和蒸煮部分，切条成型机构位于面带辊压之后、蒸煮干燥之前。

图6-14　方便面面条加工生产线

（二）工作原理

首先使复合压延后的面带通过相互啮合，具有间距相等的多条凹凸槽的两根圆辊间。由于两辊做相对旋转运动，齿辊凹凸槽的两个侧面相互紧密配合而具有剪切作用，从而使面带成为纵向面条。在齿辊下方装有两片对称而紧贴齿辊凹槽的铜梳，以清除被剪切下的面条，不让其黏附在齿辊上，保证切条能连续进行下去。切条成型的要求是：面条光滑、无并条、密度适当、分行相等、行行之间不连接。

第三节　冷热加工机械设备

面食加工中，经过成型以后的食品有的需要经过加热熟化等过程，使其成为可供食用的形态。这一过程要根据主食产品的特征和要求，采取蒸煮、烘烤、油炸等工艺过程来完成，除了使食品的形状、色泽、软硬度、风味等感官特征发生改变外，自身的化学、生物学特征也发生了改变，最终成为一种营养丰富、感官诱人、卫生耐存的主食食品。以上工艺过程所用到的设备主要包括：食品蒸箱（车）、烤箱（炉）、煮锅、油炸机等。

另外，随着人们生活水平不断提高和生活节奏加快的要求，为了最大限度地满足人们对食品营养与感官需求，速冻方便食品和加工装备得到了长足发展，其中各种规格的速冻机械、速冻装置成为了速冻传统主食发展的基础。

一、蒸箱

（一）结构

如图6-15所示，外形为一带保温层的箱体，门为外开结构，有单扇、双扇之别，箱内有固定式或活动式蒸架（屉）。活动式为可移动式蒸车，箱内下端两侧布置有蒸汽管，箱顶布置有排气或排气扇。为了不使蒸汽凝结水落到食品上，箱顶一般做成倾斜顶，箱底应留有排水沟槽以便随时排出冷凝水。因要使面团中的淀粉糊化，所以采用的温度不高，一般箱内温度不高于105℃，蒸汽压力则为0.05～0.2MPa。

图6-15 蒸箱外形图

（二）特点

整机采用不锈钢材料，设计合理，操作方便，能满足各类主食食品的蒸煮要求。缺点是在箱内压力较高时如果密封不好，大量的蒸汽会溢出箱体，恶化环境。

二、隧道式蒸煮机

（一）结构与原理

如图6-16所示，外形为一带有保温层的矩形隧道。链式或带式输送机穿过隧道，在输送机下端两侧布置蒸汽排管，隧道顶部做成弧形或倾斜形，并根据隧道长度布置排气口或排风机。

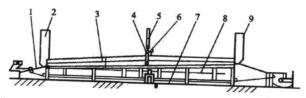

1-输送带； 2、9-排气管；3-上盖；4-蒸汽流量计；5-阀门；6-压力表；

7-地面；8-隔板

图6-16 隧道式蒸煮机

（二）特点与应用

该机结构简单，合理，保温效果好，能连续运送，速度可调，各项参数采用自动控制使得产品产量与质量有保证。但要采用耐腐蚀和潮湿的传动零部件和电气结构，整体造价较高。该机适用于各类食品的熟制加工、巴氏杀菌。

三、夹层锅

夹层锅又名二重锅、双重釜等，主要用途为物料的热烫、预煮、调味料的配制及熬煮一些浓缩产品。夹层锅按其深浅可分为浅型、半深型和深型；按其操作可分为固定式和可倾式。

（一）可倾式夹层锅

1.外形及结构

见图6-17，最常用的是半球形（夹层）壳体上加一段圆柱形壳体的可倾式夹层锅。

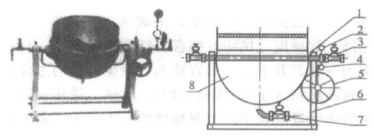

1-油杯；2-压力表；3-截止阀；4-安全阀；5-手动可倾装置；6-支架；
7-冷凝液排出阀；8-锅体
图6-17　可倾式夹层锅

2.结构

可倾式夹层锅主要由锅体、冷凝液排出阀、压力表、手动可倾装置等组成。它的内壁是一个半球形与圆柱形焊接而成的容器，外壁是半球形壳体，用普通钢板制成，内外壁用焊接法焊成，若用螺钉连接时，内外壁都应有法兰，上下法兰间垫以垫料，以防漏汽。全部锅体用轴颈直接伸接在支架两边的轴承上，轴颈是空心的，蒸汽管从这里伸入夹层中，周围加填料（又称填料盒）。当倾覆锅体时，轴颈绕蒸汽管回转而磨损，在此处容易泄漏蒸汽。固定式夹层锅则把锅体直接固接在支架上。倾覆装置是专门为出料而用的，常用于一些烧煮固态物料的出料。相反，若熬煮液态物料时，通过锅底出料管出料更为方便。特别是用泵输送物料至下一工序时，一般可不用倾覆装置。倾覆装置包括一对具有手轮的蜗轮蜗杆，蜗轮与轴颈固接，轴颈与锅体固接，当摇动手轮时，可将锅体倾倒和复原。

（二）固定式带搅拌夹层锅

固定式带搅拌夹层锅外形及结构见图6-18。固定式夹层锅由锅体、冷凝液排出管、出料口、进气管等组成。进气管安装在与锅体中心线成60°角的壳体上。由于冷凝液排除管安装于壳体上，使冷液不能完全排除。当锅的容积大于500L或用作加热黏稠性物料时，这种夹层锅常带有搅拌器。搅拌器的叶片有浆式和锚式等，叶片转速一般为10～20r/min。

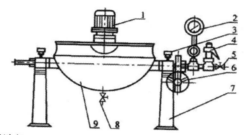

1-减速机；2-油杯；3-压力表；4-安全阀；5-截止阀；
6-手轮；7-脚架；8-冷凝液排出阀；9-锅体外胆

图6-18 固定式带搅拌夹层锅

特点：以有一定压力的蒸汽为热源。具有受热面积大、热效率高、加热均匀、液料沸腾时间短、加热温度容易控制等特点。内层锅体（内锅）采用耐酸耐热的奥氏体不锈钢制造，配有压力表和安全阀，外形美观、安装容易、操作方便、安全可靠。

四、烤箱（炉）

（一）固定箱式烤炉

1.主要结构

见图6-19所示，由角铁、钢板、保温材料、电热管等组成。箱炉壁外层为钢板，中间夹有保温材料，内壁则装有抛光不锈钢板，可增加折射能力，提高热效应。顶部开有排气孔，以排除烘烤中产生的水蒸气。炉膛内壁上装有若干层支架，每层支架上可放置多只烤盘。电热管与烤盘为相间布置，分作各层烤盘的底火和面火。烤炉内装有温控元件，可控制电热管的开、关电源，从而控制炉温在一定的范围内。

图6-19 多层烤箱外形图

2.特点

炉型结构简单，占地面积小，造价低。但电热元件与烤盘之间为固定位置，没有相对运动，所以烘烤产品易产生上色不匀的现象。产品执行GB4706.39—1997标准，采用先进的远红外线电热管，分底火、面火温度控制，并具有自动控温、定时自动报警、超温安全保护等功能，微电脑智能控制。炉门装有加大玻璃，内有照明灯，可直观烘烤效果。炉膛加深加宽，适合各种不同尺寸的烤盘。炉内面火安装有热反射板，使火力更加均匀。保温效果好，节约能源。优质不锈钢板材，使用寿命长。

（二）旋转热风式烤炉

1.外形及结构

分别见图6-20和图6-21。

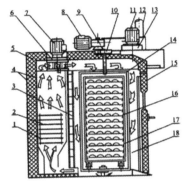

1-燃烧室；2-加热元件；3-喷水雾化槽；4-箱体内外壳；5-保温层
6-热风循环风机；7-热风循环电机；8-传动电机； 9-减速器；10-传动齿轮；11-排风电机；12-排气管；13-排风机；14-传动架； 15-炉门；16-料车隔架；17-料车；18-热风循环通道

图6-20 旋转热风式烤炉结构图

2.用途

适用于烘烤各式面包、吐司、丹麦起酥、月饼、曲奇、蛋黄派、香酥馍片、中式糕点等产品。

3.结构

旋转热风烤炉内设有一水平布置的回转烤盘支架，摆有生坯的烤盘放在回转支架上。烘烤时，由于食品在炉内回转，各面坯间温差很小，所以烘烤均匀，生产能力较大。其缺点是手工装卸食品，劳动强度较大，且炉体较笨重。为解决箱式烘烤炉食品与加热元件间无相对

图6-21 旋转热风
烤炉外形图

运动而造成的烘烤成色不均的问题，设计出的旋转式热风循环烤炉主要由箱体、电（或煤气）加热器、热风循环系统、抽排湿气系统、喷水雾化装置、热风风量调节装置、传动装置、旋转架、烤盘小车等组成。

4.工作原理

电机通过减速器和一对传动齿轮带动炉内的旋转架以及停放在旋转架上的烤盘小车匀速转动。通过一只循环风机将装有加热元件的燃烧室内的烘烤热风，经送风道和若干个出风口送入烘烤室，然后再送回燃烧室，通过这样热风地循环流动来达到烘烤食品的目的。在烘烤室内装有喷水雾化装置，可根据产品烘烤工艺要求，通过输水槽道进水遇热后雾化，以调节烘烤湿度，提高烘烤质量。烤炉里还装有排气系统，可根据需要排去烘烤室内的热蒸汽。

5.特点

全不锈钢制造，微电脑程序控制，轻触式操作面板，带16个记忆程序，配进口抽排烟机，超强自动定量加湿功能，双层钢化玻璃炉门，高密度硅酸铝保温层，电磁自动排气闸。此外，它具有严密的密封性和良好的保温性能，可最大限度地减少热量损失。

（三）水平风车烤炉

1.结构及外形

因烘室内有一形似风车的转篮装置而得名，其结构如图6-22所示。

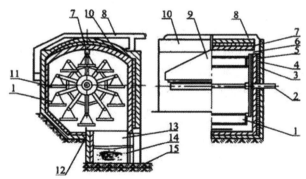

1-转篮；2-转轴；3-炉外锻；4-保温层；5-炉内壁；6-挡板；7-烟道；8-烟筒；9-排气罩；10-炉顶；11-炉门；12-底脚；13-燃烧室；14-空气门；15-燃烧室底脚

图6-22 水平风车烤炉结构图

2.工作原理

这种烤炉多用无烟煤、焦炭、煤气等为热源，也可采用电及远红外加热技术。以煤为燃料的风车炉，其燃烧室多数位于烘室下面。因为燃料在烘室内燃烧，热量直接通过辐射和对流烘烤食品。

3.特点

热效率很高。风车炉还具有占地面积小、结构比较简单、产量较大的优点。目前仍有很多工厂用于面包生产。风车炉的缺点是手工装卸食品，操作紧张，劳动强度较大。

五、油炸设备

（一）用途

适用于肉类、水产、蔬菜、面食等制品的油炸加工。油炸是食品熟制和干制的一种加工方法，可以杀灭食品中的微生物，延长食品的货架期，同时可改善食品风味，提高食品的营养价值，赋予食品特有的金黄色泽。经过油炸加工的产品具有香酥脆嫩和色泽美观的特点。油炸既是一种菜肴烹调技术，又是工业化油炸食品的加工方法。分类油炸机根据油炸压力不同分为常压油炸机、真空油炸机、高压油炸机（压力炸锅）；根据热源的安装方式分为直接式油炸机、间接式油炸机和油幕式油炸机；根据油炸机加热方式分为直接加热油炸机和间接加热油炸机。

（二）结构组成

油炸机由自动、手动起吊系统、独特的产品输送系统、排渣系统、加热系统、排烟系统、电气系统等组成。全部采用网带或吊钩输送产品，变频或电磁调速。

（三）性能特点

设备以电、煤或者天然气为加热能源，整机采用食品机械专用不锈钢材料制造，操作简单、安全，易清洗、维修方便、节省油耗。如：

（四）电加热油炸机

1.结构

见图6-23，这种电热炸锅也称为间歇炸锅，生产能力较低。其工作原理为：将待炸物料置于物料网篮中放入油中炸，炸好后连篮一起取出。物料篮可以取出清理，但无滤油作用。此类设备的油温可以进行精确控制。

2.性能参数

为了延长油的使用寿命，电热元件表面的温度不宜超过265℃，并且其功率也不宜超过$4W/cm^2$。一般电功率为7～15kW，物料篮的体积5～15L。

3.特点

油炸过程中油全部处于高温状态，油很快被氧化而变质，黏度升高，重复使用几次即变成黑褐色，特别是在用油炸腊肉类的食品时，还会生成亚硝基吡啶这种致癌物质。高温下长时间使用的油，还会产生热氧化反应，生成不饱和脂肪酸的过氧化物，直接妨碍机体对油脂和蛋白质的吸收，降低食品的营养价值，使食品表面劣化，严重影响消费者的健康。上述缺点都是油长时间处于高温状态以及残渣不能及时分离而造成的。因此，不断更新油炸用油和及时清理残渣就成为这种设备的使用关键。

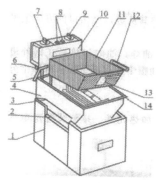

1-不锈钢底座；2-侧扶手；3-油位指示仪；
4-移动式不锈钢锅；5-电缆； 6-最高温度设定旋钮；
7-电源开关； 8-指示灯；9-温度调节旋钮；
10-移动式控制盘；11-物料篮；12-篮柄；
13-篮支架；14-不锈钢加热元件
图6-23 电加热油炸机结构图

（五）连续式深层油炸机

1.结构

见图6-24，由矩形油槽、支架、输送装置、液压装置等组成。

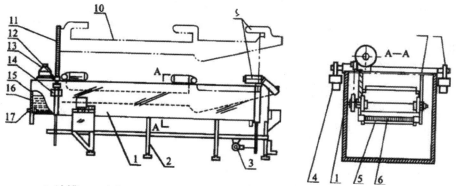

1-油槽；2-支架；3-泵；4-液压活塞； 5-推杆；6-金属板；7-托架；
8-输送器；9-电动机；10-输送装置；11-活塞杆；12-液压装置
13-框架,14-顶盖；15-输入端；16-油料；17-油管
图6-24 连续式深层油炸机

2.用途

主要用于黄金鱼蛋、虾肉球、黄金一级棒、黄金鱿鱼、虾饼、鱼豆腐等各种

鱼糜、肉制品、速冻食品、洋芋片、薯条、鸡块、肉排、红烧鱼、方便面、花生等油炸食品。

3.工作原理

物料从油槽输入端的顶盖的输入口送入油槽。油从输入端的下部由油管送入。物料和油的运行方向是一致的。输送装置的下部浸没于油料中。由于进料部分为倾斜段，推杆便逐渐把物料从油面压向金属板的下部，从而使物料一直处于深层油之中，并从热油中送出。出料输送器由电动机带动，一端浸在油里，另一端高于油槽之上。不同的油炸时间是通过调整输送装置的线速度来达到的。在油槽的每边末端上装有液压活塞，它是用一托架连接在油槽的边壁上。活塞杆是以托架连接在输送器框架的最末端上，当液压活塞通过泵运动时，活塞杆将垂直升高，使整个输送器离开油槽，以便维修和保养。热油从管道送入油槽时，因为流速的影响也会形成旋涡，仍然会把碎屑集中在油中。因此在进油部分设有一个特殊装置，如图6-24中推杆所示，使油从管道送入油槽后能沿宽度方向均匀分布，并能使其从进口至出口的方向上平滑地流动。

4.特点

无炸笼却能使物料全部浸没在油中连续进行油炸；油的加热是在锅外进行的；液压装置，能把整个输送器框架及其附属零部件从油槽中升起或下降；维修十分方便，便于清洗保养。

（六）连续式浅油油炸机

1.结构

外形见图6-25。由传动电机、链传动装置、加热元件、排渣装置及电气部分等组成。

图6-25 连续式浅油油炸机外形图

2.用途

广泛用于浸炸类系列产品、浮炸类系列产品、豆类产品、上浆类系列产品（调理食品）、滚炸类产品等。如炸肉块、炸翅根、马铃薯饼、面包渣、猪肉块、炸鱿鱼、炸虾、炸蔬菜、炸花生、炸鱼丸（球形体产品）、炸薯条等。

3.特点

使用安全、方便、卫生，是较为理想的小型油炸设备。本机特别适用于快餐食品、休闲食品、方便食品的油炸。广泛应用于学生营养快餐、食品加工、酒店机关、企事业单位等。

（七）方便面自动油炸机

1.结构

油炸设备是油炸方便面自动生产线中的一个重要设备，由主机（支架、底槽、上盖、传动链条、型模盒、型模盖、驱动电机等部分组成）、油加热系统（列管式换热器或螺旋板式换热器）、循环用油泵、粗滤器和储油罐等部分组成。主机全部用角钢、板钢焊接而成，通过电动机带动链条及油盒、盒盖，油从油锅进口经过加热的油槽至出口，而后再从下部返回到进口，这样循环往复地进行。油盒上部是油盒盖，上下两条链同步运行，在油中运行时，一个盒与一个盖正好配合。由于离合器与制动器的作用，使输送链产生间歇运动，以便与定量切断的面块速度相配合。油炸机上盖可以自动开启，以便于清理。开启方式有两种，一种是支架底部设有升降装置，人工液压操作，另一种是在设备上方安有电葫芦，必要时启动开关即可将油锅上部吊起。

2.工作原理

从切割分排机出来的面块进入油炸机的模盒，随着链条的传动逐渐进入油槽之中。此时安装在模盒上方链条上的盒盖同步转动，把盒中面块盖住，以防止面块在油炸时由于上浮而脱离模盒。由于模盒与模盖上面有许多小孔，保证了面块与油的良好接触状态，盒中的面块随链条一起运行时被热油加热，使其中的水分达到蒸发状态，成为水蒸气从烟筒中排出，从而达到脱水干燥的目的。当模盘转到油槽出口时，模盒与模盖脱离。当模盒转到盒口朝下时，面块即脱盒进入下一道工序。

3.特点

温度控制系统油温控制得较准确，油炸物品质优良，可节省燃烧费用，经久耐用。油循环泵采用不锈钢特殊耐高温材质制成，使用年限10年以上。采用多重过滤网过滤油炸油，油质清净，油炸油保质期延长。油温控制系统附双重安全警报装置，使用绝对安全。输送机及排油烟盖可自动吊离油炸槽，易于清洗保养。

真空油炸机采用不锈钢材料制成，具有功效高、性能稳定、安装使用方便等特点。炸出来的食品香酥可口，色泽佳。

（八）压力炸锅

1.结构及原理

整体不锈钢材料，电子定时、自动控温、自动控压排气。采用真空低温高压油炸原理。

2.用途

能炸制多种食品，可炸制鸡、鸭、鱼、肉、糕点、蔬菜、薯类等食品。如中式食品有：香酥鸡、牛排、羊肉串；西式食品有：美国肯德基家乡鸡、派尼鸡及加拿大帮尼炸鸡等。主要用于中、西快餐厅、宾馆、饭店、机关工厂食堂及个体经营。

3.特点

压力炸锅采用不锈钢制造，气电两用，外形美观，油温、炸制时间自动控制，并具有报警装置和自动排气性能；操作安全可靠，无油烟污染。压力炸锅比普通开启式炸锅效率高，能在短时间内将食品内部炸透；色、香、味俱佳，营养丰富，风味独特，外酥里嫩，老少皆宜；能炸多种食品，如鸡、鸭、鱼各种肉类，排骨、牛排和蔬菜、马铃薯等。此机的温度、压力和炸制时间选定后，可实现自动控制，因而操作简单；采用不锈钢材料制造，安全、卫生、无污染；采用自动滤油装置，使锅内油质保持清洁；操作方便，自控系统性能好；能源消耗低，适应范围广，可采用两种电压电源（380V或220V）工作。

六、速冻机械设备

（一）隧道式连续速冻机

隧道式连续速冻装置主要由绝热隧道、蒸发器等五部分组成。速冻器用绝热材料包裹成一条绝热隧道，速冻温度为−35℃。其外形绝热结构墙壁及顶棚用聚苯乙烯泡沫塑料，地坪用软木，绝热层厚度约为300mm。单体速冻装置隧道内有一条轨道，每次同时进盘1只，又出盘1只；双体速冻装置隧道内有两条轨道，每次同时进盘两只，又同时出盘两只。轨道上有板条推进器，推进销子将载货铝盘缓慢推进。铝盘在轨道上往复走3层，完成冻结过程。推进、提升的动作由液压传动系统来完成。

隧道式连续速冻装置的特点是操作连续，节省冷量，设备紧凑，隧道式连续速冻的速冻隧道空间利用率较充分，但不能调节空气循环量。

（二）双螺旋式速冻机

双螺旋式速冻机的输送系统，其主体部分为一螺旋塔。均匀分布在输送带上的冻品，随传送带做螺旋运动。具有挠性的传送带绕在转轴上，缠绕的圈数由冻结时间和产量确定，传送带的螺旋升角约2度。由于螺旋塔的直径大，所以传送带近于水平。转筒靠摩擦力带动传送带运动。双螺旋速冻机结构如图6-26所示。此外还可以根据工艺需要将两个以上的转筒串联运行。

双螺旋式速冻机采用双级压缩制冷系统，以氟利昂22为制冷剂，并采用单独制冷机组的直接膨胀（重力）供液。速冻器配备台座式冷风机一台。冷风机的蒸发器采用铜管铝翅片，冻结时间可调，范围在40～80min。

螺旋式速冻装置的特点是生产连续化，结构紧凑，占地面积小。食品在移动中所受风速均匀，冻结速度快，效率高，干耗质量损失小，但不锈钢材料消耗大，投资大。适用于冻结单体不大而数量多的食品，如饺子、汤圆、粽子、面制品、肉丸、烧卖、对虾、贝类、水果、蔬菜、肉片、鱼片等。

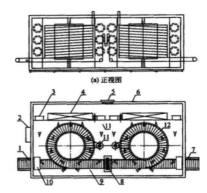

1-进料装置；2-电控箱；3-轴流风机；4-蒸发器；
5-库门；6-围护结构；7-出料装置；
8-张紧结构；9-传送网带；10-压力平衡装置；
11-驱动装；12-转毂

图6-26　双螺旋式速冻机结构示意

（三）带式冻结机

带式冻结装置其主体部件是钢带连续输送机。在钢带下喷盐水或使钢带滑过固定的冷却面使冻品降温。该装置适于冻结鱼片、调味汁、酱汁和某些糖果产品等。冻品上部可用冷风补充冷量。食品层一般较薄，因而冻结速度快，冻结20～25mm厚的产品约需30min。

同平板式、回转式冻结机相比，带式冻结机构造简单，操作方便；可改变带长和带速，可大幅度地调节产量。

综上，主食食品速冻装置，无论是何种类型的流态化速冻机，冻结原理相同，区别只在于冻品的输送结构。

第七章　主食加工质量安全及分析检测

第一节　挂面质量安全及分析检测

一、挂面的质量安全

挂面是以小麦粉、荞麦粉、高粱粉、绿豆、大豆、蔬菜、鸡蛋等为原料，添加食盐、食用碱或面粉改良剂，经加工、烘干制成的干面条，包括普通挂面、花色挂面、手工面等。目前挂面生产企业要取得生产许可证应注意以下几个质量控制问题：

（一）必备的生产设备中的干燥设施应加以完善

挂面干燥设备主要由供热系统、通风系统、烘道和输送机械等组成。烘房用于将湿面条在一定的温度、湿度条件下烘干成水分符合规定的挂面，一般应分为4个区，即冷风定条、升温蒸发、保潮烘干、降温散热。其工作环境尤其是温度控制要按照工艺要求严格控制。

（二）食品添加剂应予以控制

使用的食品添加剂应符合国家标准要求，禁止过氧化苯甲酰超标，严禁使用溴酸钾，使用着色剂应按规定给予标注。

（三）原辅材料的采购质量控制

小麦粉必须是获得生产许可证企业的产品，小加工作坊生产的面粉不允许进行挂面加工。和面用水的质量也应予以重视，不能使用井水等不卫生的水，一般应使用硬度小于10度的饮用水。

（四）严格执行产品出厂检验制度，不断增强检验人员的检验能力

挂面的出厂检验主要为水分、酸度、烹调损失、感官等。酸度指标检测比较复杂，包括标准溶液配制、样品处理等。

挂面生产只要做好食品添加剂的使用、干燥工序的控制、原辅材料的质量把关，产品质量就应该较为稳定、安全。

二、挂面的分析检测

（一）技术要求

1.规格（见表7-1）

表7-1 挂面产品的规格（mm）

长度（±10）	180	200	220	240	260
宽度	1.0	1.5	2.0	3.0	6.0
厚度（±0.05）	0.6	0.8	1.0	1.2	1.4

各地可按当地食用习惯，在上述系列内选用某一数值，另定企业标准。

2.感观要求

色泽、气味正常，无霉味、酸味及其他异味，花色挂面应具有添加辅料的特色和气味。

烹调性：煮熟后不糊、不浑汤、口感不粘，不牙碜，柔软爽口，熟断条不超过10%。

不整齐度：不高于15%，其中自然断条率不超过10%。

3.理化指标

水分12.5%～14.5%（南方地区梅雨季节要低于下限）；脂肪酸值（湿基）：不超过80；盐分：一般不超过2%，可根据各地食用习惯而定。

4.卫生要求

无杂质、无霉味、无异味、无虫害、无污染、原辅料符合国家卫生标准规定。

（二）检验方法

1.规格检验

从样品中任意抽取10根挂面，用直尺检验长度，宽度与厚度，用精度为0.05mm的游标卡尺检验，分别取其平均数。

2.色泽、气味检验

采用感官检验法。

3.不整齐度测定

从样品中任意取2卷打开，将有毛刺、疙瘩、弯曲、并条及长度不足规定长度三分之二的断条，一并检出称重，取2卷的平均数，不整齐度的测定结果，计算到小数点后一位，第二位四舍五入。

4.自然断条率测定

从样品中任意取2卷打开，分别将长度不足规定长度三分之二的断条检出称重，取2卷的平均数。自然断条率的侧定结果计算到小数点后一位，第二位四舍五入。

5.烹调性测定

从样品中任意取面条30根，放入盛有500毫升沸水的锅中，煮3分钟。然后将面条用竹筷轻轻挑出查看。以面条不粘、不腻、不浑汤，熟断条率不大于10%为合格。熟断条率测定结果计算到小数点后一位，第二位四舍五入。

6.弯曲折断率测定

从样品中均匀抽取面条10根，分10次放在有厘米刻度的平板上，用手捏住两端，向上缓缓弯曲成弧形。对于宽在1.5毫米以下的面条，如弧高比长小于1.5∶10时折断，即为弯曲断条；宽度在1.5毫米以上的面条，如弧高比长大于1.5∶10时折断，即为弯曲断条。弯曲断条测定结果计算到小数点后一位，第二位四舍五入。

7.称重误差测定

从样品中任意取2卷，分别在天平上称重，取其平均数。结果计算到小数点后一位，第二位四舍五入。

第二节　馒头质量安全及分析检测

一、馒头质量要求

馒头的质量取决于原料质量和制作工艺。

加工优质的馒头除需要有合适的面粉、酵母、添加剂外，更应注重生产技术的掌握。以较差的原料生产出高质量的产品才是食品研究者的水平。

（一）馒头生产可选择工艺条件

常用的馒头工艺，根据发酵方法不同分为：面团过度发酵法（老面法）、面团快速发酵法（二次发酵法）、面团不发酵法（一次发酵法）等；依发酵剂不同分为：酵母发酵、酵头（老面）发酵、酒曲发酵等；依生产设备的先进程度不同又分为：家庭制作（蒸锅蒸制）、作坊生产（蒸笼蒸制）和生产线设备生产（蒸箱蒸制）等。

（二）实验室试验与实际生产紧密结合

面粉及添加剂的实际用途有一定的差异。欲使实验有较大的实际意义，应依据实际需求，针对生产何种馒头，采取接近实际应用的工艺和设备进行研究。

（三）掌握关键技能，熟练的操作是验证原料和添加剂质量的最可靠的工具

验证原料及添加剂的效果如何，首先要有可靠的工艺技术作基础。往往因工艺技术不过关可能导致实际与预期的情况相反。

（四）标准化的实验是样品和产品对比的重要依据

标准的制作工艺和设备条件，使实验结果有可比性。一般情况下，研究机构和企业的实验室很难实现实验条件的完全一致。应根据实际条件，尽量使可变因素的影响降低到最小限度，增加可比度。

二、馒头的分析方法

（一）技术要求

1.原料要求

（1）小麦粉应符合GB1355的规定。

（2）食品添加剂和营养强化剂应符合GB2760和GB14880的规定。

（3）水应符合GB5749的规定。

（4）酵母和其他辅料应符合国家有关质量和卫生的规定。

2.感官质量要求

（1）外观：形态完整，色泽正常，表面无皱缩、塌陷，无黄斑、灰斑、黑斑、白毛和粘斑等缺陷，无异物。

（2）内部：质构特征均一，有弹性，呈海绵状，无粗糙大孔洞、局部硬块、干面粉痕迹及黄色碱斑等明显缺陷，无异物。

（3）口感：无生感，不黏牙，不牙碜。

（4）滋味和气味：具有小麦粉经发酵、蒸制后特有的滋味和气味，无异味。

3.理化指标

理化指标要求（见表7-2）

表7-2　理化指标

项　目		指　标
比容/（mL/g）	≥	1.7
水分/（%）	≤	45.0
pH值		5.6～7.2

4.卫生指标

（1）卫生指标要求（见表7-3）

表7-3　卫生指标

项目		卫生指标
大肠菌群（MPN/100g）	≤	30
霉菌计数（CFU/g）	≤	200
致病菌（沙门氏菌、志贺氏菌、金黄色葡萄球菌等）		不得检出
总砷（以As计）（mg/kg）	≤	0.5
铅（以Pb计）（mg/kg）	≤	0.5

（2）其他卫生指标应符合国家卫生标准和有关规定。

5.生产加工过程的技术要求

（1）生产过程的卫生规范应符合GB14881的规定。

（2）生产过程中不得添加过氧化苯甲酰、过氧化钙。不得使用添加吊白块、硫黄熏蒸等非法方式增白。

6.检验方法

（1）比容测定：按照附录A规定的方法进行测定。

（2）pH值测定：按照附录B规定的方法进行测定。

（3）水分测定：按照附录C规定的方法进行测定。

（4）总砷：按GB/T 5009.11的规定执行。

（5）铅：按GB/T 5009.12的规定执行。

（6）大肠菌群：按GB/T 4789.3的规定执行。

（7）霉菌计数：按GB/T 4789.15的规定执行。

（8）沙门氏菌：按GB/T 4789.4的规定执行。

（9）志贺氏菌：按GB/T 4789.5的规定执行。

（10）金黄色葡萄球菌：按GB/T 4789.10的规定执行。

7.包装、运输、贮存

（1）包装：包装容器和材料应符合相应的卫生标准和有关规定。

（2）运输：运输产品时应避免日晒、雨淋。不应与有毒、有害、有异味或影响产品质量的物品混装运输。运输时应码放整齐，不应挤压。

（3）贮存：产品应贮存在阴凉、干燥、清洁、无异味的场所。不应与有毒、有害、有异味、易挥发、易腐蚀的物品同处贮存。

第三节 油炸食品质量安全及分析检测

一、油炸食品的质量要求

油炸食品由于用油量比较多，而且通常温度比较高，会造成脂肪氧化，而脂肪氧化过程中会产生一些对人体有害的物质，如氢过氧化物的分解产物、二烯聚合物等。这些物质经消化道吸收后会慢慢移至肝脏及其他器官引起慢性中毒，目前有研究发现脂肪氧化产生的聚合物有致畸致癌的危险。

同时，脂肪氧化还会促进胆固醇氧化，产生一些胆固醇氧化产物。胆固醇氧化产物在人体内可引起细胞毒性、氧化DNA损伤、致癌性和致突变性，还会造成血管内膜损伤，诱发动脉粥样硬化和神经衰弱等慢性病，对人体健康也有很大的潜在威胁。

另外，研究发现油炸食品保温时间越久，温度越高，脂肪氧化会越严重，所以从健康角度来说，油炸食品保温存放时间过久是对健康不利的。

因此对于油炸食品，脂肪氧化是需关注的一项重要指标。目前我国国家标准《GB 16565-2003 油炸小食品卫生标准》对油炸小食品（指以面粉、米粉、豆类、薯类、蔬菜、水果、果仁为主要原料，按一定工艺配方，经油炸制成的各种定型包装的小食品）的脂肪氧化做出了规定。麦当劳的肉类油炸食品同样存在脂肪氧化的问题，但我国目前还没有明确的标准规定。

二、分析方法

（一）油脂酸价

采用酸碱滴定法测定。利用电极电位或酚酞指示剂指示酸碱的反应终点，在乙醚/乙醇混合溶剂中进行非水酸碱滴定，计算出酸价。

（二）油脂酸败实验

采用间苯三酚乙醚溶液或试纸。在浓盐酸存在下，间苯三酚与酸败和氧化产物，包括以缩醛形式存在的环氧丙醛反应呈桃红色或红色，表示油脂已经酸败；若呈浅粉红色或黄色，表示未酸败。

（三）过氧化值

采用碘量法测定。油氧化过程产生的过氧化物，氧化碘化钾生成游离碘，以标准浓度的硫代硫酸钠滴定碘，淀粉作指示剂，从而计算出油脂酸败过程中产生过氧化物的量值，并以每公斤试样使碘化钾氧化的毫摩尔数（mmol/kg）或过氧化物中氧的毫克当量数来表示。

（四）油脂氢过氧化物

采用亚铁-二甲酚橙法（FOX）。首先用二氯甲烷和乙醇混合溶剂从食品中提取油脂。亚铁离子被油脂氢过氧化物（LHP）氧化成三价铁后，能够与二甲酚橙结合形成发色团，利用分光光度计在560nm、590nm吸收峰进行定量分析。FOX方法灵敏度高，特别适合低LHP含量油脂的测定。

第四节　杂粮食品质量安全及分析检测

一、杂粮食品质量安全

目前杂粮食品的食用品质是影响其发展的主要因素。杂粮普遍口感较粗，色泽不美观，尤其对于胃肠功能较弱者，吸收利用率不佳，极大地制约了产品的食用和消费。在实际研究中，可加强对产品粒度、吸水性等产品特性与加工工艺的研究以建立方便杂粮食品的感官评价体系和标准，建立影响杂粮口感和消化因素的基础数据库，将方便杂粮食品的营养特性、加工工艺和消费者的偏好结合起来，生产出更迎合市场消费需求的食品。

在杂粮加工领域中，口味单调，形式较为单一，单一品种的杂粮食品只富含某一种或几种营养素，不能全面满足人们对营养健康的需求，将多种五谷杂粮进行搭配加工和食用有利于满足人们均衡补充各种营养素的需求。为了提升产品的口感在加工过程中会添加大量的氢化油，这也就是经常说起的"反式脂肪"，人们食用过多这种含氢化油的杂粮食品，容易引起肥胖，还会引发患高血脂、糖尿病和血管疾病的风险。因此在生产过程中要注意尽量少添加这些添加剂。

杂粮食品加工的关键控制环节有：

（一）谷物加工品

1.清理

2.碾米（糙米等除外）

（二）谷物碾磨加工品

1.碾磨（谷物粒、粉）

2.灭酶（谷物片）

（三）谷物粉类制成品

1.和面（面粉类制成品）

2.蒸粉（米粉类制成品中有蒸粉工艺的）

3.包装

（四）容易出现的质量安全问题

1.水分超标

2.磁性金属物超标

3.超量、超范围使用食品添加剂

（五）原辅材料的有关要求

原辅材料应符合GB2715-2005《粮食卫生标准》的规定以及相应原粮的质量标准，不得使用陈化粮；粮食包装要符合GB/T17108-1997《粮食销售包装》的要求。

二、分析检测

粮食加工品的发证检验、监督检验和出厂检验按表中列出的检验项目进行。出厂检验项目中注有"*"标记的，企业应当每年检验2次。

表7-4 谷物碾磨加工品质量检验项目表

序号	检验项目	备注
1	感官（气味、口味）	
2	水分	
3	粗细度	谷物粉
4	灰分	谷物粉
5	含砂量	谷物粉
6	磁性金属物	谷物粉
7	脂肪酸值	麦片除外
8	皮胚含量	标准中有此项规定的
9	汞	豆粉类产品不检此项
10	铅	豆粉类产品不检此项
11	六六六	豆粉类产品不检此项
12	滴滴涕	豆粉类产品不检此项
13	甲基毒死蜱	豆粉类产品不检此项
14	溴氰菊酯	豆粉类产品不检此项
15	黄曲霉毒素 B_1	豆粉类产品不检此项
16	着色剂：柠檬黄、日落黄、胭脂红、苋菜红、亮蓝等	视产品色泽而定

参考文献

[1]李里特.大豆加工与利用[M].北京：化学工业出版社，2003.

[2]赵谋明.调味品[M].北京：化学工业出版社，2000.

[3]牛天娇等.中国传统发酵豆制品中微生物的发掘与利用[J].中国酿造，2005,（2）：1-5.

[4]王瑞芝.中国腐乳酿造[M].北京：中国轻工业出版社，1998.

[5]周秉辰.论低盐固态酿制酱油生产工艺的改革[J].中国酿造，2005,（1）：1-3.

[6]杜鹏等.传统发酵制品及其营养保健功能[J].中国酿造，2004,（3）：6-8.

[7]汪建国.酶制剂在酿造行业应用的研究及其发展前景[J].中国酿造，2004,（1）：1-4.

[8]王瑞芝.应用现代生物技术酿造腐乳的技术探讨[J].中国酿造，2004,（2）:1-5.

[9]姜南等.危寄分析和关键控制点（HACCP）及在食品生产中的应用[M].北京：化学工业出版社，2003.

[10]孙兴民等.少孢根霉RT-3的研究及其在传统发酵食品中的应用[J].食品科学，1997,（3）:21-24.

[11]康明官.中外著名发酵食品生产工艺手册[M].北京：化学工业出版社，1997.

[12]刘志胜.豆腐凝胶的研究[D].北京：中国农业大学，2002.

[13]王殿友，谢春胜，吕骏.影响豆乳粉速溶性的因素及其解决途径[J].中国乳品，1997,25（3）:3—32.

[14]石彦国，任莉.大豆制品工艺学[M].北京：中国轻工业出版社，1993.

[15]林弘通.乳粉制造工程.陶云章译[M].北京：中国轻工业出版社，1987.

[16]刘志胜.豆腐凝胶的研究[D].北京：中国农业大学，2000.

[17]巫德华.实用面点制作技术[M].北京：金盾出版社.2006:41-87.

[18]李文卿.面点工艺学[M].北京：中国轻工业出版社.1999:75-148，228-233.

[19]钟志惠.面点制作工艺[M].北京：高等教育出版社.2005.

[20]杨春丽.面点制作技术大全[M].济南：山东科技出版社.128-129

[21]郭银林等.湖南传统食品荟萃[M].北京：中国商业出版社.1992:113-1王志宏.浅谈食品中的丙烯酰胺.中国检验检疫，2007,5:61.

[22]田纪春.谷物品质测试理论与方法[M].北京：科学出版社，2006.

[23]朱蓓薇.方便食品加工工艺及装备选用手册[M].北京：化学工业出版社，2003.

[24]张国治.方便主食加工机械[M].北京：化学工业出版社，2006.全国工商联烘焙业公会.中华烘焙食品大辞典——机械及器具分册.北京：中国轻工业出版社，2007.

[25]顾尧臣.现代粮食加工技术[M].北京：中国轻工业出版社，2004.

[26]邓舜扬.食品生产工艺号配方精选[M].北京：中国轻工业出版社，1996.

[27]沈再春.现代方便面和挂面生产实用技术[M].北京：科学技术出版社，2001.

[28]刘长虹.蒸制面食生产技术[M].北京：化学工业出版社，2005.

[29]刘钟栋.面粉品质改良技术及应用[M].北京：中国轻工业出版社，2005.

后 记

"四川省产业脱贫攻坚·农产品加工实用技术"丛书（下称"丛书"）终于与读者见面了，这对全体编撰人员来说，能为广大贫困地区服务、为全省扶贫攻坚尽微薄之力，是一件十分激动又感到自豪的事。

"丛书"根据四川省产业扶贫攻坚总体部署，结合农产品加工产业发展实际，首期出版共15本，包括四川省食品发酵工业研究设计院编撰的《特色发酵型果酒加工实用技术》《泡菜加工实用技术》《生姜加工实用技术》《葱加工实用技术》《大蒜加工实用技术》《腌腊猪肉制品加工实用技术》《米粉加工实用技术》《核桃加工实用技术》《茶叶深加工实用技术》《竹笋加工实用技术》共10本，以及四川工商职业技术学院编撰的《猕猴桃加工实用技术》《米酒加工实用技术》《主食加工实用技术》《豆制品加工实用技术》《化妆品生产实用技术》共5册。

"丛书"按概述、种植与养殖技术简述、主要原料与辅料、加工原理、加工工艺、设备与设施要求、综合利用、质量安全与分析检测、产品加工实例等内容进行编撰，部分内容在细节上略有差异。"丛书"内容上兼顾结合初加工与深加工，介绍的工艺技术易操作，文字上言简意赅、浅显易懂，具有较强的理论性、指导性和实践性。"丛书"适合四川省四大贫困片区贫困县的初高中毕业生、职业学校毕业生、回乡创业者及农产品加工从业者等阅读和使用。

"丛书"的编撰由四川省经济和信息化委员会组织，具体由教育培训处、园区产业处、机关党办和农产品加工处负责。在编撰过程中，委员会领导从组织选题、目录提纲、出版书目、进度安排、印刷出版、专家审查、资金保障、贫困地区现场征求意见等方面均进行了全程督导，力求"丛书"系统、全面、实用。编撰单位高度重视，精心组织，同时得到各有关部门的大力配合、有关行业专家学者的热心指导，在此深表感谢！

由于编撰水平所限，时间仓促，书中难免有疏漏、不妥之处，恳请读者批评指正。

丛书编写委员会

2018年5月